目 录

绪论 …………………………………………………………………… 1
第一章 水力学基础知识 ………………………………………………… 3
 第一节 静水力学 ………………………………………………… 3
 第二节 动水力学 ………………………………………………… 6
 第三节 水流阻力与水头损失 …………………………………… 11
第二章 水泵和给水泵房 ………………………………………………… 14
 第一节 常用水泵的类型和工作原理 …………………………… 14
 第二节 离心泵的基本参数 ……………………………………… 15
 第三节 水泵的选择 ……………………………………………… 18
 第四节 给水泵站 ………………………………………………… 20
第三章 村镇给水概述 …………………………………………………… 23
 第一节 村镇给水的意义和特点 ………………………………… 23
 第二节 村镇给水系统的组成和基本布置形式 ………………… 24
 第三节 村镇给水系统布置的一般原则 ………………………… 25
 第四节 水质标准与用水量标准 ………………………………… 25
第四章 给水水源及取水构筑物 ………………………………………… 32
 第一节 水源类型及选择 ………………………………………… 32
 第二节 地下水取水构筑物 ……………………………………… 34
 第三节 地面水取水构筑物 ……………………………………… 38
第五章 净水处理 ………………………………………………………… 41
 第一节 给水处理的基本方法及工艺流程 ……………………… 41
 第二节 村镇常用水处理构筑物 ………………………………… 43
 第三节 水厂的厂址选择及布置 ………………………………… 56
第六章 给水管网 ………………………………………………………… 59
 第一节 输水管及配水管网的布置 ……………………………… 59
 第二节 给水管网的工作情况 …………………………………… 60
 第三节 给水管网的水力计算 …………………………………… 62
 第四节 调节构筑物 ……………………………………………… 67
 第五节 管道材料、附件及附属构筑物 ………………………… 70
第七章 村镇排水概述 …………………………………………………… 75
 第一节 村镇排水的意义和特点 ………………………………… 75
 第二节 村镇排水的体制及组成 ………………………………… 76
 第三节 村镇排水系统规划 ……………………………………… 78
第八章 村镇污水管道系统 ……………………………………………… 80
 第一节 污水管道的平面布置 …………………………………… 80

  第二节 污水流量的计算……81
  第三节 污水管道在街道上的具体位置……84
  第四节 污水管道的水力计算……86
  第五节 污水管道布置实例……90
第九章 雨水管渠……94
  第一节 雨水管渠布置原则……94
  第二节 雨水管渠的设计流量……96
  第三节 截流式合流制排水管渠……102
  第四节 排水管材、排水管及其附属构筑物……105
第十章 污水处理与利用……109
  第一节 村镇污水性质及水体防护……109
  第二节 污水处理技术……112
  第三节 污泥的处理与利用……118
第十一章 村镇给水排水方案技术经济比较……121
  第一节 给排水工程方案技术比较……121
  第二节 给排水工程方案经济比较……122
第十二章 室内给水排水……124
  第一节 室内给水……124
  第二节 室内给水系统的计算……129
  第三节 室内排水……133
  第四节 室内排水系统的计算……134
附录……137
  附录一 铸铁管水力计算表……137
  附录二 各种局部阻力系数 ξ 值……141
  附录三 排水管渠水力计算表……142
  附录四 钢管（水煤气管）的 $1000i$ 和 V 值……148

中等专业学校试用教材

村镇给水排水

王宪国　张丽芳　编

中国建筑工业出版社

前 言

《村镇给水排水》是普通中专学校村镇建设专业的一门专业课教材，是根据村镇建设专业《村镇给水排水》教学大纲编写的。

本教材在内容和深度上考虑到了村镇专业的特点，重点讲述了村镇给水排水工程的组成、构造和工作原理。由于我国幅员辽阔，各地的地理、气候和生活条件相差较大，加上村镇经济发展的不平衡，因而对给水排水设施的要求也存在着较大的差异。为了适应各地的需要，本教材本着学以致用的原则，力图照顾全面，在介绍村镇大、中型集中式供水和污水处理的同时，也提供了小型、分散供水的方法与实例。各学校可根据本地区实际情况进行讲述。

本教材由建设部南方村镇建设学校王宪国、张丽芳编写。由湖南衡阳铁路学校王锡崑主审。主审人对原稿提出了宝贵意见，编者在此表示感谢。

由于村镇建设目前正处于发展阶段，许多建设的经验和理论还待进一步总结，加上编者水平有限，难免有不妥之处，恳切希望读者批评指正。

绪 论

村镇给水排水工程是村镇主要的基础设施之一。

水,是一切生命赖以生存的源泉,也是人们日常生活、生产不可缺少的物质。随着农村经济建设的发展和农民生活水平的提高,广大富裕起来的农民迫切希望改善居住环境,改善饮水卫生条件,因而对村镇给水设施的要求也越来越高。村镇给水工程的任务是:在经济合理和安全可靠的条件下,通过取水构筑物在天然水中采取足够的水量;经过适当的处理工艺,使之符合卫生和各种用途标准的水质;然后以一定的水压把水送到用户,满足用户在生活、生产和消防等方面的用水要求。

在近十几年来,我国的村镇给水事业有了很大的发展。到1990年底,全国村镇有水厂一万七千多座,自来水受益人数达二亿多人。使许多农民结束了肩挑背驮、饮用不卫生水的历史。同时也反映了农村物质文明和精神文明水平提高。但是,由于各地经济发展水平、地理位置、气候条件等各不相同,目前,农村仍有许多地方在饮用的水质方面,尚未达到国家标准或过着缺水的生活。要彻底改变这种状况,必须走以发展集镇为中心的集中式给水和各种形式的村、户简易给水相结合的道路,并根据当地特点和经济条件,因地制宜地修建各种类型的给水设施。从而逐步地改善广大农民的饮水条件,提高农民的生活和健康水平,最终全部实现集中式给水。

水在经过人们使用后,会受到不同程度的污染,成为含有大量有毒和有害物质的污水或废水。这些污废水,对人类和生态环境危害极大。如果任其流入河流、湖泊,将威胁鱼类生存,破坏河水的饮用价值和农作物的食用价值。村镇排水工程的任务就是:用完善的管渠系统收集人们生活、生产中产生的污废水以及自然降水,并及时将其输送到适当地方,进行妥善处理和合理地回收利用。

与给水事业相比,村镇的排水事业发展较为缓慢。许多村镇的排水都是简易的明沟,有的连明沟都没有。这样,污水遍地流失,蚊蝇孳生,环境受到污染,对人们身体健康造成了危害。遇到暴雨时,雨水不能及时排除,影响了交通、生产和正常生活。为此,修建排水管渠系统,集中管理和处理污水,已成为改善村镇卫生环境的主要任务。村镇污水出路的潜力较大,只要运用得当,既可以用于农田灌溉和发展养殖;又可以用于发生沼气;同时也使居住的卫生环境得到改善。

村镇给水排水设施的完善程度,是国民经济高度发展的重要标志之一。它既体现了党和国家对广大劳动人民的关怀,同时对促进乡镇工农业生产,提高人民生活水平以及保护环境免遭污染都具有重大作用。因而,对于村镇建设专业的学生,掌握一定给水排水基础理论和基本知识是十分必要的。

《村镇给水排水》课程是为适应村镇当前建设而开设的一门专业基础课。其主要内容介绍村镇给水、排水和室内给水排水的原理、结构以及计算方法的基本知识和技术。由于

《村镇给水排水》课程涉及的知识范围较广，在学习时还应较好地掌握或熟悉水力学、物理化学、微生物、房屋建筑等方面的基本知识和原理，并应具有较好的图纸表达能力。

通过本书的学习，应能掌握或了解村镇给水排水设施的设计要点、构造的特点和常规的施工管理方法，为今后参加村镇建设打好基础。

第一章 水力学基础知识

水力学是用实验和分析的方法研究水的平衡和运动规律的一门应用科学。它的主要任务是运用这些规律来解决实际工程问题。

许多给水排水工程问题，都与水流现象有着密切的联系。例如，在水的抽升、净化、输送中水泵的选择、管（渠）截面的确定、水塔的高度与容积的计算等等，都需要运用水力学知识来解决。因此，掌握水力学基本概念、基本理论和计算方法，对学好给水排水课程具有重要的意义。

第一节 静 水 力 学

静水力学是研究水在相对静止状态的平衡规律，以及水和固体之间的作用力。

由于水呈静止状态，其质点间并无相对运动，故不存在切应力，水又不能承受拉应力，所以静止的水只能承受压力。

一、静水压强

水在静止状态下，对盛水的容器，存在着因本身重量引起的压力和水表面上的外力（如大气压力）的作用，这个作用力称为静水压力。作用在整个物体面积上的静水压力，称为静水总压力，用符号 P 表示；作用在单位面积上的静水压力，称为静水压强，用符号 p 表示。

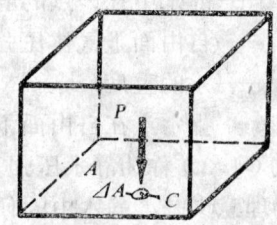

图 1-1 静水压强

设有一个盛水的水箱，见图1-1。作用在水箱底面积上的静水总压力是 P，水箱底面积为 A，则作用在单位面积上的静水平均压强 $\bar{p}$ 是

$$\bar{p} = \frac{P}{A} \qquad (1\text{-}1)$$

在水箱底面上取一微小面积 $\varDelta A$，设作用在这微小面积上的静水总压力为 $\varDelta P$，当 $\varDelta A$ 缩小到趋近于零而集中于 C 点时，则 $\varDelta P$ 与 $\varDelta A$ 之比趋近于一极限值 p，即

$$p = \lim_{\varDelta A \to 0} \frac{\varDelta P}{\varDelta A} \qquad (1\text{-}2)$$

p 为 C 点的静水压强，点压强精确地反映了作用面上各点的实际压强值，而静水平均压强反映了作用面上各点压强的平均值。

静水压强有两个特性：

1. 静水压强的方向与作用面垂直，并指向作用面。
2. 静水内任何一点静水压强，在各个方向相等。

二、静水压强基本方程式

图1-2为盛满水的容器,水体与气体相接触的面,称为自由表面。自由表面单位面积上所受的压力,称为表面压力,用符号 p_0 表示。凡水面与空气接触时,其水面压力均为当地大气压力,大气压力用符号 p_a 表示。

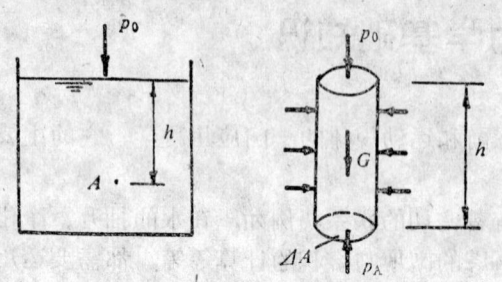

图 1-2 静水压强基本方程

在距水面深 h 处有一点 A, 为了求得 A 点的静水压力,可绕 A 点作一底面积为 ΔA 的圆柱体。将圆柱体从水中取出,当圆柱处于平衡状态时,具有以下几个作用力:

1. 水柱自由面上的大气压力: $p_0 = p_0 \Delta A$, 垂直向下。
2. 水柱本身重量: $G = \gamma h \Delta A$, 垂直向下。
3. 容器底对水柱底面的作用力: $P = p_A \Delta A$, 垂直向上。
4. 水柱体四周的侧向压力,在各个方向大小相等,方向相反,彼此平衡。

水柱体在上述四个力的作用下处于平衡状态。根据力学平衡条件,沿垂线方向的合力为零,即

$$p_0 \Delta A + \gamma h \Delta A - p_A \Delta A = 0$$

则得
$$p_A = p_0 + \gamma h$$

如果 A 点为水中任意一点则

$$p = p_0 + \gamma h \tag{1-3}$$

式中 p ——静水中任一点的静水压强;
 p_0 ——自由面上气体压强;
 γ ——水的重度;
 h ——指定点在自由面下的深度。

公式(1-3)称为静水压强基本方程式,它说明在静水中,压强随水深按线性规律变化。其物理意义是:静水中的任意一点的压强 p 等于自由表面上压强 p_0 和该点单位面积上垂直水柱重量 γh 之和。图1-3是根据静水压强与水深成直线关系;和任意点静水压强都垂直并指向作用面的特性,而绘制的作用垂直面上的静水压强分布图。水深相同,压强也相同。由水深相同即压强相等的各点所构成的面是一个水平面,这个面称为等压面。

为进一步说明静水压强的分布规律,设有一密闭水箱(见图1-4),在水箱下取一基准面0-0,作为确定各点位置高度的起点。从静水中任选1、2两点,其位置高度分别为 Z_1、Z_2, 并在两点上各接一个上端开口的玻璃管,称为测压管。如果 $p_0 > p_a$, 则水箱的水沿测压管上升,上升高度分别为 h_1、h_2, 即 $h_1 = p_1/\gamma$, $h_2 = p_2/\gamma$, 1、2两点的静水压强分别为 p_1、p_2:

$$p_1 = p_0 + \gamma(Z_0 - Z_1)$$
$$p_2 = p_0 + \gamma(Z_0 - Z_2)$$

将上两式均除以 γ, 整理后得

$$Z_1 + \frac{p_1}{\gamma} = Z_0 + \frac{p_0}{\gamma}$$

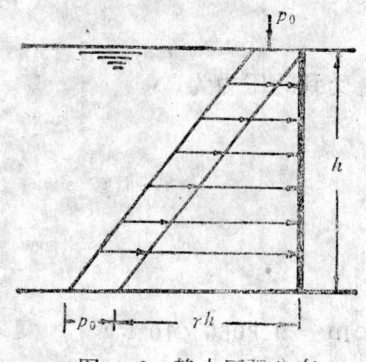

图 1-3 静水压强分布

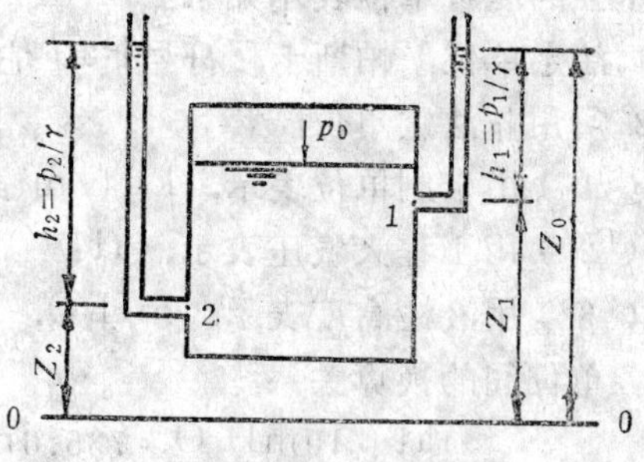

$$Z_2 + \frac{p_2}{\gamma} = Z_0 + \frac{p_0}{\gamma}$$

由此可得

$$Z_1 + \frac{p_1}{\gamma} = Z_2 + \frac{p_2}{\gamma} = Z_0 + \frac{p_0}{\gamma}$$

图 1-4 测压管水头

水中1、2两点为任意点，则具有一般性规律，即

$$Z + \frac{p}{\gamma} = C \quad （C为常数） \tag{1-4}$$

式（1-4）是静水压强基本方程式的另一种表达形式，它亦说明静水压强的分布规律，即静水中任一点的测压管水头（位置水头 Z 与压强水头 $\frac{p}{\gamma}$ 之和）为一常数。

静水压强的大小，根据不同的计算基准可以分为：

1. 绝对压强。以完全真空为零点算起的压强值称为绝对压强，用符号 p_j 表示。

$$p_j = p_0 + \gamma h \tag{1-5}$$

2. 相对压强。以大气压强 p_a 为零点算起的压强值称为相对压强，用符号 p_x 表示

$$p_x = p_j - p_a = p_0 + \gamma h - p_a \tag{1-6}$$

当自由表面压强 $p_0 = p_a$ 时，则

$$p_x = \gamma h \tag{1-7}$$

3. 真空值。当液体中某一点的绝对压强小于大气压强时，则该点处于真空状态。用符号 p_k 表示。

$$p_k = p_a - p_j \tag{1-8}$$

为了便于区别绝对压强、相对压强与真空值之间关系，特将它们之间关系表示在图1-5中。

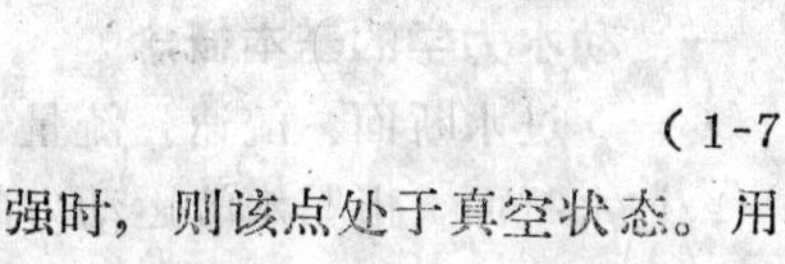

从图1-5可看出，绝对压强值只能是正值，但是，与大气压强相比较，绝对压强可以大于大气压强，也可以小于大气压强。当绝对压强值小于大气压强时，相对压强为负值，称为负压，反之，相对压强为正值时，称为正压。出现负压的状态就是真空状态，真空值 p_k 等于相对压强 p_x 的绝对值。则

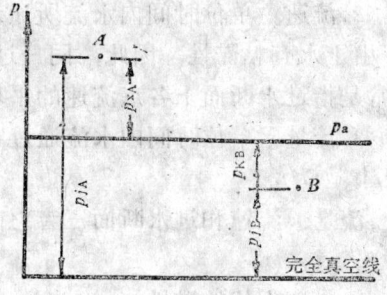

图 1-5 压强关系

在真空状态时：
$$p_k = |p_x| \qquad (1-9)$$

压强的度量单位表示如下：

1. 法定单位：帕斯卡，符号 Pa。它表示每 m² 面积上受到的压力为 1N。
2. 习用非法定单位：
   （1）用米制单位表示，kgf/m^2 或 kgf/cm^2；
   （2）用工程大气压表示，at；
   （3）用液柱高度表示，mH_2O，$mmHg$。

各单位间的换算关系：
$$1at = 10mH_2O = 735.6mmHg = 1kgf/cm^2 = 9.8066 \times 10^4 Pa$$

【例题 1-1】 有一开口水池，已知水深为 2m，求池底的绝对压强和相对压强（设自由表面压强为 1 工程大气压）。

【解】 $p_0 = p_a = 1at = 98.07kPa$

根据式（1-5）得绝对压强为
$$p_j = p_0 + \gamma h = 98.07kPa + 9.807kN/m^3 \times 2m = 117.68kPa$$

用水柱高表示：
$$h = p_j/\gamma = 117.68/9.807 = 12mH_2O$$

相对压强按公式（1-6）得
$$p_x = p_j - p_a = 117.68kPa - 98.07kPa = 19.61kPa = 2mH_2O$$

第三节 动 水 力 学

动水力学主要研究水流处于运动状态时的力学规律及其在实践中的运用。

表现水流运动的主要物理量是流速 V，动水压强等。这些量称为水流的运动要素。动水力学基本任务就是研究这些运动要素随时间和空间位置变化的情况，以及建立这些运动要素之间的关系。

一、动水力学的基本概念

（一）过水断面、流速、流量

1. 过水断面。指与水流运动方向垂直，水流所通过的横截面。过水断面用符号 A 表示，单位为 m^2、cm^2。

2. 流速。单位时间内水流所通过的距离称为流速。用符号 V 表示，单位 m/s、mm/s。由于水有粘滞性，因此，同一过水断面上各点的流速是不相同的。水力计算中的流速通常是指过水断面上各点流速的平均值，即平均流速。

3. 流量。单位时间内水流通过某过水断面的体积称为流量。用符号 Q 表示，单位 m^3/h、L/s。

流量、流速和过水断面三者之间的关系：
$$Q = VA \qquad (1-10)$$

（二）水的粘滞性

见图 1-6 所示，在流动的水体中存在着不同运动速度的流层，这种速度不同的流层间的相对运动将产生内摩擦力或粘滞力。即内摩擦力阻抗各流层之间做相对运动的性质，称为水的粘滞性。

大量实验指出，单位面积上的摩擦力与两流层的速度差成正比；与两流层的间距成反比，即

$$F = \mu \frac{du}{dy}$$

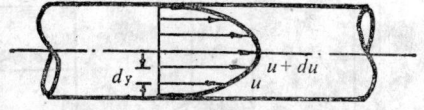

图 1-6 水体的流速分布

式中 F——总内摩擦力；

$\dfrac{du}{dy}$——水流两层间速度差与距离的比值，称为速度梯度，即两相邻流层间的速度变化率；

μ——水的动力粘度，单位 Pa·S。并同另一反映粘性的常数——运动粘度 ν 的关系是：

$$\nu = \frac{\mu}{\rho} \tag{1-11}$$

式中 ν——运动粘度（m²/s）；

ρ——液体密度（kg/m³）。

不同的液体具有不同的 μ、ν 值。对于某种液体，温度升高，粘度减小；温度降低，粘度增大。表1-1列出 μ 和 ν 随温度变化的情况。

水 的 粘 度　　　　表 1-1

粘　　　度	温　　度　　（℃）					
	0	5	10	15	20	30
$10^{-3}\mu$ (Pa·S)	1.792	1.519	1.308	1.140	1.005	0.801
$10^{-6}\nu$ (m²/s)	1.792	1.519	1.308	1.140	1.007	0.804

（三）水流的分类

1.有压流和无压流。当水流运动时，沿流程的整个边界均与固体壁面相接触，没有自由表面，并对接触面均有压力，这种流动称为有压流。给水管道一般都是有压流。

当水流动时，沿流程仅部分边界与固体壁面相接触，并具有自由表面，这种流动称为无压流或重力流。排水管、渠一般为无压流。

2.恒定流与非恒定流。在水流动过程中任一质点的流速和压强都不随时间变化，仅与空间位置有关，这种水流称为恒定流。如当水箱中水位不变时，水箱出水管的水流，见图1-7（ a ）。

在水运动过程中任一质点的流速和压强不仅与空间位置有关，而且随时间变化而变化，这种水流称为非恒定流，见图1-7（ b ）。

二、恒定流连续方程

在恒定流的情况下，流速、压强均不随时间变化。它的运动规律比较简单，在工程实践中，绝大部分水流可以看作恒定流。例如水泵扬水管的压力是有变化的，但在正常情况下，压强、流速的波动很小，并保持一个稳定的平均值，所以可以作为恒定流考虑。

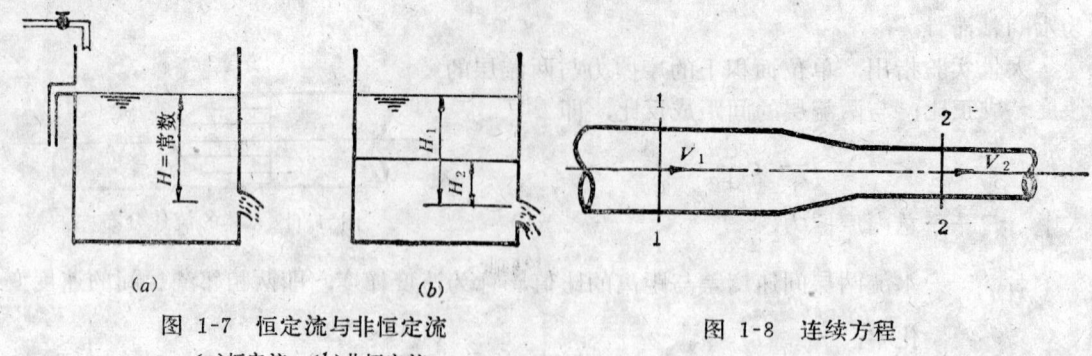

图 1-7 恒定流与非恒定流
(a)恒定流；(b)非恒定流

图 1-8 连续方程

图1-8表示压力管中一段水流通过的空间，设断面1-1、2-2，面积为A_1、A_2；流速为V_1、V_2，根据流量公式为

$$Q_1 = V_1 A_1$$
$$Q_2 = V_2 A_2$$

通常认为水是不可压缩的，水流各部位的密度相同，同时又无支管引入或引出，因此，在单位时间内流进的水量和流出的水量应该相等。即

$$Q_1 = Q_2 = 常数$$
$$V_1 A_1 = V_2 A_2 = Q \tag{1-12}$$

式中 V_1、A_1——恒定流过水断面1-1的面积和平均流速；

V_2、A_2——恒定流过水断面2-2的面积和平均流速。

式（1-12）称为恒定流连续方程，它表明在恒定流时，流量沿流程将不随时间变化，同时反映水流断面之间流速与过水断面的关系。当流量不变时，过水断面大，流速小；反之，过水断面小，流速大。

三、恒定流能量方程

恒定流能量方程是水力学中最重要的基本方程，它表明恒定流中平均流速、压强和过水断面位置高度之间的关系和变化规律。同时是物理学能量守恒定律在水力学中的具体运用，根据物理学概念，能量既不能消灭，也不能创造，只能从一种形式转变为另一种形式。水在流动过程中也完全遵循能量守恒定律。

（一）水流运动的机械能

在恒定流中取一段管，见图1-9。并选取起端断面1-1，终端断面2-2，其断面平均流速分别为V_1和V_2，压强分别为p_1和p_2。任取一水平基准面0-0，两断面中心离基准面的高度分别为Z_1和Z_2。则该管段各过水断面上具有的能量有：

1.动能。当一个质量为m，以平均流速为V水体通过过水断面时，其动能为$\frac{1}{2}mV^2$，则单位重量水体的动能应为$\frac{1}{2}mV^2/mg = V^2/2g$，简称为单位动能，又称流速水头。同时还可以把它看作在流速作用下水体所能上升的高度。在图1-10中，测压管与测速管内液面高差h就是断面上A点的流速水头。测速管或称毕托管，是一端弯曲为90度的玻璃管，开口正对水流方向，当测明渠中任一点流速时，用一根测速管即可；当测定有压管水流时，

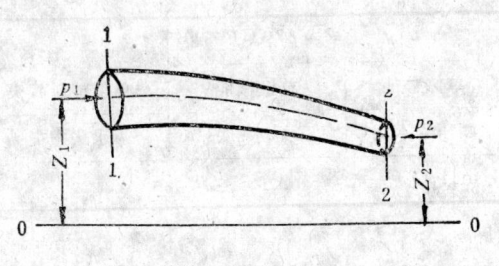
图 1-9 过水断面上的能量

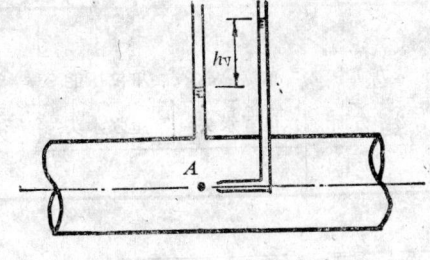
图 1-10 流速水头

应与测压管合用。当测速管沿过水断面各点进行测定时，则可得出过水断面的分布图。由于过水断面上的流速分布是不均匀的，对用平均流速计算的流速水头，还应乘以大于1的动能修正系数，在工程计算中常取修正系数为1。

2. 势能。当过水断面的位置高度为Z时，若有一重量为mg的水体流过，则该水体相对基准面所具有的位能（或称重力势能）为$mg \cdot Z$。如果单位重量水体的位能则为Z，简称单位势能，又称位置水头。

另外，水体在压强的作用下，会沿测压管上升一个高度，其值为$h=p/\gamma$。压强把重量为mg的水体提升h高时所做的功（或称压力势能），为$mg \cdot p/\gamma$。对单位重量水体的压能应为p/γ，简称单位压能，又称压强水头。

单位重量水体的动能、势能之和，就是单位重量水体的总机械能，简称单位能量，又称总水头。

3. 水头中的能量损失。水体具有粘滞性，其作用是抗拒液体内部作相对运动，粘滞性是水体产生机械能损失的根源。由于水流内部水体与水体之间作相对运动产生内摩擦力，水流与固体边界之间也有摩擦力。水流为克服这些阻力做的功，必然会使一部分机械能转化为其它形式的能（热、声）。对于水流本身来说，这一部分机械能随着水流过程而逐渐损耗掉，则称之为能量损失。

在水力学里，常用符号"h_w"来表示单位重量的水体在流动过程中因克服阻力所损耗的机械能，叫做水头损失或阻力水头。关于h_w的具体分析和计算，将在下一节讨论。

（二）恒定流能量方程

根据物体机械运动的动能原理，即外力对物体所做的功应等于物体动能的变化，可以从理论上推导出能量方程式。但针对村镇科技知识尚未普及的特点，没有必要进行理论推导过程，只给出结论，着重理解方程式的意义。

图1-9所示，当单位重量水体流经断面1-1、2-2时，两断面所具有的单位总能量分别为$Z_1+p/\gamma+V^2/2g$，和$Z_2+p/\gamma+V^2/2g$。如用h_w表示单位重量水体从断面1-1到断面2-2流动过程中所损失的能量，则根据能量转移和守恒定律可得

$$Z_1+p/\gamma+V_1^2/2g = Z_2+p_2/\gamma+V_2^2/2g+h_w \qquad (1-13)$$

式（1-13）就是恒定流能量方程式，又称伯努里方程。能量方程式中各项物理量的意义见表1-2。

恒定流能量方程式各项均表示某种高度为长度单位，即m。因而，恒定流能量方程式中的各项均可以用几何图形具体表示出来，见图1-11。

能量方程式中各项物理意义　　　　表 1-2

符　号	Z	p/γ	$V^2/2g$	$Z+p/\gamma$	$Z+p/\gamma+V^2/2g$	h_w
能量方面	单位位能	单位压能	单位动能	单位势能	总机械能	单位能量损失
水力学方面	位置水头	压强水头	流速水头	测压管水头	总水头	水头损失
单　位				mH$_2$O		

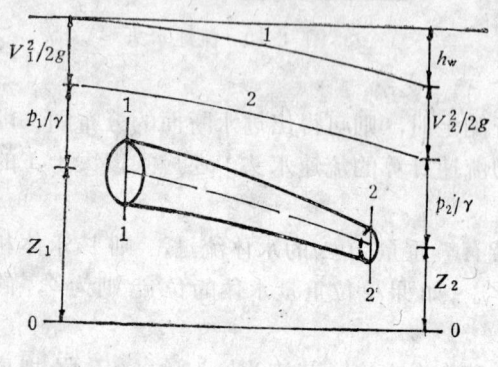

图 1-11　能量方程几何图示

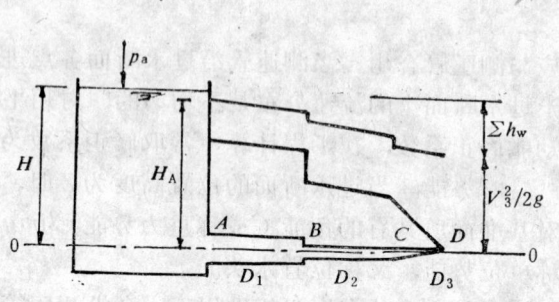

图 1-12　例题1-2图示

如果将两断面处总水头线段的顶点连接起来，见图1-11中线1，这条连线称总水头线。如果将两断面处的测压管水头线段连接起来，见图1-11中线2，这条连线称为测压管水头线。从总水头线和测压管水头线的坡度就可以说明各水头沿流程的变化规律。

由于水流沿程消耗能量，所以总水头线总是沿途下降。总水头线的下降值（即水头损失h_w值）与流程长度L的比值，称为水力坡度或能坡，它表示沿流程单位长度的水头损失，用符号 i 表示。

$$i = h_w/L \qquad (1-14)$$

【例题 1-2】 图1-12所示，水箱中水深$H=5$m，管道直径$D_1=20$mm，$D_2=15$mm，$D_3=10$mm。各段的水头损失分别为：AB段0.1m，BC段0.4m，CD段0.2m；A、B、C处的水头损失分别为0.2m、0.25m、0.05m。试求从管段末端嘴流出的水流速度V_D，并绘制水流的总水头线和测压管水头线。

【解】 通过管道中心线取基准面0-0，并取过水断面A-A、D-D，列出能量方程式如下：

$$Z_A + \frac{p_A}{r} + \frac{V_A^2}{2g} = Z_D + \frac{p_D}{r} + \frac{V_D^2}{2g} + \Sigma h_w$$

断面A-A离选取基准面0-0的垂直高度$Z_A=5$m，断面D-D的中心与基准面0-0重合，$Z_D=0$；由于断面A-A及D-D都与大气连通，即$p_A=p_D=p_a=0$，$V_A=0$。将已知数代入上式，得

$$5+0+0 = 0 + \frac{V_D^2}{2g} + \Sigma h_w$$

Σh_w为断面A-A至断面D-D的总水头损失，其值为

$$\Sigma h_w = (0.10+0.40+0.20+0.20+0.25+0.05) = 1.20\text{m}$$

故
$$V_D^2/2g = 5 - 1.20 = 3.80\text{m}$$
$$V_D^2 = 8.63\text{m}$$

其它各管段的流速水头根据连续方程式为

AB段：
$$V_1 = V_D \frac{D_B^2}{D_1^2} = 8.63 \times \frac{10^2}{20^2} = 2.16\text{m/s}$$
$$\frac{V_1^2}{2g} = \frac{(2.16)^2}{2 \times 9.81} = 0.24\text{m}$$

BC段：
$$V_2 = V_D \frac{D_B^2}{D_2^2} = 8.63 \times \frac{10^2}{15^2} = 3.84\text{m/s}$$
$$\frac{V_2^2}{2g} = \frac{(3.84)^2}{2 \times 9.81} = 0.75\text{m}$$

图1-11所示：
$$H_A = 5 - 0.2 = 4.8\text{m}$$
$$H_B = 4.8 - 0.1 - 0.25 = 4.45\text{m}$$
$$H_C = 4.45 - 0.4 - 0.05 = 4.0\text{m}$$
$$H_D = 4.0 - 0.20 = 3.8\text{m}$$

将各断面处总水头线段连接起来，就绘得总水头线。再以总水头线为基础，减去流速水头值，就绘得测压管水头线。

第三节 水流阻力与水头损失

一、水流阻力与水头损失的两种形式

水因具有粘滞性而产生内摩擦力，形成流速不均匀分布，造成水流运动阻力。同时，水流总是沿一定的固体边界运动，所以，边界条件是产生水流阻力与水头损失的第二原因。既然水流运动的形式具有一定特性的水和一定条件的固体边界互相作用的结果，所以通常按水流阻力在固体边界上的分布性质，把它分为沿程阻力和局部阻力两种类型。

1. 沿程阻力和沿程水头损失。当水在断面不变的直线管道中流动时，由于粘滞性作用，水体内部各层之间，液体与固体边界之间将产生内摩擦力。这种内摩擦力阻碍着水流的运动并且均匀地分布在全部流程上，所以称为沿程阻力。克服沿程阻力所损失的能量称为沿程水头损失。

沿程水头损失用符号 h_f 表示，大小与流程的长短有关。

2. 局部阻力和局部水头损失。水流因边界的改变而引起断面上流速分布发生急骤变化，使水体内部各层，甚至分子之间的强烈摩擦碰撞，增加了液体运动的阻力，产生水流集中阻力。这种阻力称为局部阻力，克服局部阻力所损失的能量称为局部水头损失。

局部水头损失用符号 h_j 表示，大小与局部的类型和数量有关。

水体运动所产生的全部水头损失可以认为是上述二者之和。
$$h_w = h_f + h_j \tag{1-15}$$

二、水流断面的几何条件

形成水体水头损失的主要原因是水的粘滞性和边界所产生的摩擦阻力。而摩擦阻力大

小又与接触面积以及水流断面几何条件有关。

水流断面的几何条件

1. 过水断面 A。由公式 $Q=VA$ 看出流量与过水断面成正比;平均流速与过水断面成反比。即在流量一定的情况下,断面平均流速愈大,过水断面愈小。

2. 湿周 χ。它是过水断面和管渠内水接触的边界长度,单位为 m。见图 1-13 过水断面 A 相同的条件下,湿周愈小,其管壁对水流边界的影响愈小,产生的流动阻力也就愈小。

图 1-13 过水断面与湿周
(a)圆形断面;(b)梯形断面

3. 水力半径 R。它是过水断面与湿周的比值;又是综合反映过水断面和湿周对水流阻力的共同影响,单位为 m。

$$R = \frac{A}{\chi} \tag{1-16}$$

水力半径愈大,湿周愈小,对水流产生的阻力愈小。

对于圆形有压管:

$$R = \frac{A}{\chi} = \frac{\frac{1}{4}\pi d^2}{\pi d} = \frac{1}{4}d \tag{1-17}$$

对于矩形明渠:

$$R = \frac{A}{\chi} = \frac{bh}{2h+b} \tag{1-18}$$

式中 d ——圆管直径;
$\quad\quad\quad b$ ——渠宽;
$\quad\quad\quad h$ ——水深。

三、水头损失计算公式

(一)沿程水头损失计算公式

为了使比较复杂的水头损失问题用简便的办法解决,不是直接从造成水头损失的物理量(粘滞性、边界条件)等来考虑,而是间接地从为克服水头损失所提供的有效机械能来考虑。水中机械能有位能、压能、动能。由于损失的机械能与势能无直接关系,所以在水力学中常用流速水头的倍数表示水头损失。

$$h_f = \lambda \frac{L}{d} \frac{V^2}{2g} \tag{1-19}$$

式中 λ ——沿程阻力系数,无因次量;
$\quad\quad\quad L$ ——水流流程长度(m);

d —— 管道直径（m）；

V —— 断面平均流速（m/s）。

式（1-19）是计算沿程水头损失的普遍式。沿程阻力系数 λ，是通过实验分析方法求得。在工程中，对于钢管、铸铁管，可采用以下经验公式确定 λ：

当 $V<1.2\text{m/s}$ 时：

$$\lambda = \frac{0.0179}{2.03}\left(1+\frac{0.867}{V}\right)^{0.3} \qquad (1-20)$$

当 $V\geqslant 1.2\text{m/s}$ 时：

$$\lambda = \frac{0.021}{2.03} \qquad (1-21)$$

解决了阻力系数的计算，从而也解决了沿程水头损失按公式计算的问题。但是，同时又看到这样计算比较麻烦，因此实际水力计算用较简便的计算图表进行。铸铁管水力计算表见附录一。

由式（1-14）得

$$i = \frac{h_f}{L} = \lambda\frac{1}{d}\frac{V^2}{2g} \qquad (1-22)$$

则
$$h_f = iL$$

根据一定的流量 Q 和流速 V，查表确定单位流程长度上的水头损失 i，乘上该管线的长度即得到该管线的沿程水头损失 h_f。

（二）局部水头损失计算公式

前已述得，局部水头损失是由于水流因边界条件突变而急剧变形，改变了水流内部的流速分布，由此而产生相对运动；同时，水流不沿原来的边壁流动，产生漩涡，并消耗很大的能量来维持漩涡运动。

由于局部阻力处水流动动的复杂，除少数几种局部阻力可以从理论上推求外，一般都由实验决定。所以局部水头损失计算的一般公式为

$$h_j = \xi\frac{V^2}{2g} \qquad (1-23)$$

式中　ξ —— 局部阻力系数，取决于产生阻力的断面几何形状（无因次量）；

V —— 流速（m/s）。

在应用式（1-22）时，应按局部阻力系数 ξ 表中标注的流速方向选用。各种配件的局部阻力系数 ξ 值，见附录表二。

第二章 水泵和给水泵房

水泵是一种把机械能转换为水流本身动能和势能的升水机械。水泵房（站）则是安装水泵及其有关动力设备的场所。水泵与水泵站都是村镇给水排水工程中的重要组成部分之一。正确地选择水泵，合理地进行泵站工艺设计，对降低制水成本，提高经济效益以及对日常的运行管理都有着重要的意义。

第一节 常用水泵的类型和工作原理

一、水泵的分类

根据水泵的工作原理，一般可分为以下三类：

（一）叶片式水泵

叶片式水泵对液体的作功是通过装在主轴上的叶轮高速旋转而完成的。属于这一类的水泵有离心泵、轴流泵、混流泵等。

（二）容积式水泵

容积式水泵对液体的作功是靠泵内的工作容积不断产生变化而完成的。一般使工作容积改变的方式有往复运动和旋转运动两种。属于往复运动这一类的水泵有活塞式往复泵、柱塞式往复泵等。属于旋转运动这一类的水泵有转子泵等。

（三）其它型水泵

除了叶片式水泵和容积式水泵以外的其它型水泵均可列入这一类。属于这一类的主要有射流泵（水射器）、水锤泵、气升泵、螺旋泵、真空泵等。

在村镇中、小型给水排水工程中，离心泵应用最为广泛。本章将以离心水泵为重点，介绍其有关的基本知识。

离心泵有多种类型，按不同的分类方法可分成不同类型：

按泵输送的液体种类的不同，可分为清水泵和污水泵。

按泵轴的位置方向的不同，可分为卧式泵（泵轴水平安装）、立式泵（泵轴竖直安装）两类。

按泵的叶轮数量，可分为单级泵（单个叶轮）、多级泵（多个叶轮）两类。

按叶轮进水情况，可分为单吸泵（叶轮一面进水）、双吸泵（叶轮双面进水）两类。

二、离心泵的基本构造和工作原理

（一）离心泵的基本构造

图2-1是一个单级单吸卧式离心泵的构造图。其主要工作部件有叶轮、泵壳、泵轴、轴承和填料函。

1.泵壳。又称泵体，是水泵的主体。其作用是将水引入叶轮，然后将叶轮流出的水汇集起来，引向压水管。泵壳象一个蜗壳，沿叶轮转动方向，水流断面愈来愈大。泵壳用铸铁制成，并将所有固定部分连成一体，支承轴承架。泵壳顶端设有灌水漏斗和排气栓，以便水泵在启动前灌水和排气。底部设有放水口，以便检修时放水。泵壳借助本体上的进、出水口法兰接头，分别连通吸水管和压水管。

2.叶轮。叶轮是离心泵的主要部件，它一般由两个圆形盖板和若干个弯曲的叶片组成，叶片数一般为2~12片。叶轮可分为闭式、半开式和开式三种。

3.泵轴与轴承。泵轴是带动叶轮旋转的构件，起着传递电动机的机械能给叶轮的作用。轴承则是套在泵轴上支承泵轴旋转运行的构件。

4.填料函。为了防止泵体内的水漏到泵体外或泵体外空气进入泵内，当泵轴贯穿泵壳时，在轴与壳之间应装设密封装置，这个密封装置称为填料函。填料函就是一种起着阻水或阻气作用的轴封措施。

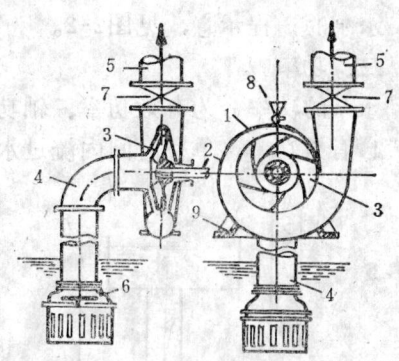

图 2-1 单级单吸式离心泵构造
1—泵壳；2—泵轴；3—叶轮；4—吸水管；5—压水管；6—底阀；7—闸阀；8—灌水漏斗；9—泵座

（二）离心泵的工作原理

离心水泵启动前，应先将泵壳和吸水管内灌满水。启动后，叶轮高速旋转，叶片间的水在离心力的作用下，从叶轮中部被甩向四周并以高速从叶轮流入蜗形泵壳内。由于蜗形泵壳内的过水断面逐渐扩大，使水流速度逐渐减小。一部分流速水头转化为压力水头，当水流到达出水口时，便具有很高的压能。在压能的作用下，水流便能克服管路的阻力和地形高差送给用户。同时，当水从叶轮流出以后，在叶轮吸水口处形成真空，而水源的水面在大气压力作用下，经吸水管不断流向叶轮。只要叶轮在不断地高速旋转，水就会不断地被吸入和压出，构成了水泵的全部工作。

第二节 离心泵的基本参数

离心泵的基本参数反映了水泵的主要性能，通常由以下六个性能参数表示。

一、流量

水泵在单位时间内所输送水的体积。用符号Q表示，单位：m^3/h；L/s。

二、扬程

单位重量水体通过水泵后所获得的机械能。用符号H表示，单位：$m(mH_2O)$。

一般将水泵轴线以下到吸水井（池）水面高度称为吸水扬程；水泵轴线以上到出水口水面的高度称为压水扬程。吸水扬程与压水扬程之和称为水泵的净扬程，即

$$H_j = H_x + H_y \quad (2-1)$$

式中 H_j——水泵净扬程（m）；
H_x——水泵吸水扬程（m）；
H_y——水泵压水扬程（m）。

水泵的净扬程与吸、压管道的沿程水头损失和各项局部水头损失之和，称为水泵的总扬程。用公式表示：

$$H = H_j + \Sigma h \tag{2-2}$$

式中 H——水泵的总扬程（m）；

Σh——水泵吸水、压水管道的水头损失之和（m）。

水泵的扬程示意，见图2-2。

三、功率

水泵的功率分为有效功率、轴功率和配套功率三种。

1. 有效功率。单位时间内流过水泵的液体从水泵得到的能量叫有效功率。用符号N_e表示，单位：kW。水泵的有效功率为

$$N_e = \gamma Q H \quad (kW) \tag{2-3}$$

式中 γ——液体的重度（N/m³）。

2. 轴功率。电动机输送给水泵的功率称为轴功率。用符号N表示，单位kW。水泵的轴功率包括水泵的有效功率和为了克服水泵中各种损耗的损失功率。这些功率损耗主要是：机械摩损、漏泄损失、水力损失等。

3. 配套功率。与水泵配套的电动机功率称为配套功率。用符号N_m表示。配套功率要比轴功率大。这是由于一方面要克服传动中损失的功率；另一方面是保证机组安全运行，防止电动机过载，适当留有余地的缘故。

$$N_m = KN \tag{2-4}$$

式中 K——备用系数，一般取1.15～1.50。

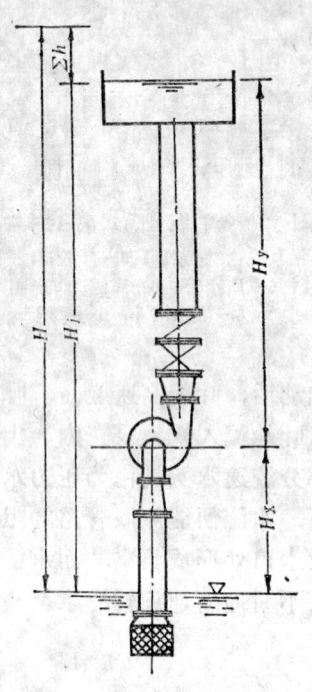

图 2-2 水泵扬程示意

四、效率

有效功率与轴功率的比值称为水泵的效率，用符号η表示，单位％。

$$\eta = N_e / N \tag{2-5}$$

效率标志着水泵传递功率的有效程度。η越大，水泵的能量消耗越少，效率越高。

五、转速

水泵叶轮的转动速度称为转速。通常以每分钟叶轮旋转的次数来表示，符号n，单位r/min。在选用电动机时，应注意电动机的转速和水泵的转速相一致。

六、允许吸上真空高度

水泵的允许吸上真空高度是指水泵在标准状态下，当水温20℃，水表面大气压力为1标准大气压时，水泵进口允许达到的最大真空值。用符号H_s表示，单位mH$_2$O。

在运转中，水泵进口处的真空表读数就是水泵进口处实际真空值。它应小于允许吸上真空高度，否则就会产生汽蚀现象。所谓汽蚀就是溶解在水中的空气从水中大量逸出，形成许多小汽泡，还有一部分液态水在压力降低时产生汽化，变成蒸汽。当这些气泡随水流到高压区时，会突然受压而破裂并与水互相撞击，使水泵叶轮受到破坏，产生麻点和孔洞，最后导致抽不上水来。为了防止汽蚀现象的产生，因而对水泵的允许吸上真空高度必须作出规定，即铭牌上所提供的允许吸上真空高度。如果当地大气压不是1标准大气压，或水

温不是20℃时，就必须修正允许吸上真空高度，修正式为

$$H'_s = H_s - (10 - H_A) - (h_V - 0.24) \tag{2-6}$$

式中　H'_s——修正后的允许吸上真空高度（mH_2O）；
　　　H_s——水泵样本提供的允许吸上真空高度（mH_2O）；
　　　H_A——水泵安装地点的实际大气压（mH_2O），它是随海拔高度不同而变化，参见表2-1；
　　　h_V——实际工作水温时的汽化压力（mH_2O），参见表2-2。

不同海拔高度的大气压　　表2-1

海拔高度(m)		-600	0	200	400	600	800	1000
大气压强	kPa	112.8	101	99.1	96.1	94.2	92.2	90.3
	mH_2O	11.5	10.3	10.1	9.8	9.6	9.4	9.2

不同水温时的汽化压力　　表2-2

水温 ℃		5	10	20	30	40	60	80	100
汽化压力	kPa	0.83	1.18	2.35	4.22	7.36	19.62	47.28	101.34
	mH_2O	0.09	0.12	0.24	0.43	0.75	2.00	4.82	10.33

水泵的安装高度为水泵轴线至水源最低设计水面的垂直距离，见图2-3。为了求水泵的最大安装高度，列水源水面断面1-1和水泵进口断面2-2的能量方程（以断面1-1为基准面）：

$$0 + \frac{p_a}{\gamma} + 0 = H_g + \frac{p_2}{\gamma} + \frac{V^2}{2g} + h_s$$

$$\frac{p_a - p_2}{\gamma} = H_g + \frac{V^2}{2g} + h_s$$

$\frac{p_a - p_2}{\gamma}$是水泵吸入口断面2-2处真空表所指示的真空数，此值不得大于水泵允许吸上真空高度H'_s。故

$$\frac{p_a - p_2}{\gamma} = H_g + \frac{V^2}{2g} + h_s \leqslant H'_s$$

于是水泵的最大安装高度为

$$H_g = H'_s - \frac{V^2}{2g} - h_s \tag{2-7}$$

式中　H_g——水泵的最大安装高度（m）；
　　　H'_s——修正后的允许吸上真空高度（m）；
　　　V——水泵进口处流速（m/s）；
　　　h_s——吸水管中各项水头损失之和（m）。

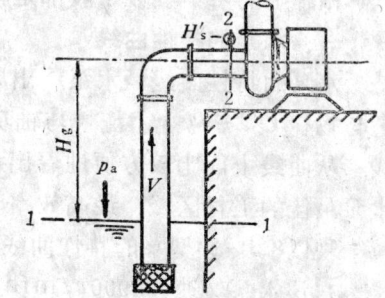

图2-3　水泵安装高度示意

【例题 2-1】　已知一台水泵流量$Q = 120$L/s，水泵进水口直径为250mm，吸水管水头损失$h_s = 0.8$m，允许吸上真空高度$H_s = 5.5$m，当地海拔为800m，水源水温$t = 30$℃，求水泵最大安装高度。

【解】 查表2-1和表2-2得

海拔800m时，$H_A = 9.4$m

水温为30℃时，$h_V = 0.43$m

按式（2-6），计算修正后的允许吸上真空高度为

$$H'_s = H_s - (10 - H_A) - (h_V - 0.24)$$
$$= 5.5 - (10 - 9.4) - (0.43 - 0.24) = 4.71\text{m}$$

水泵吸水管进口处流速为

$$V = \frac{Q}{\frac{\pi D^2}{4}} = \frac{4 \times 120}{3.14 \times (0.25)^2 \times 1000} = 2.45\text{m/s}$$

水泵最大安装高度，按式（2-8）得

$$H_g = H'_s - \frac{V^2}{2g} - h_s = 4.71 - \frac{(2.45)^2}{2 \times 9.81} - 0.8 = 3.6\text{m}$$

第三节 水泵的选择

为了方便用户，每台水泵都有一块表示该水泵型号与性能的牌子，称为铭牌。例如

离心式清水泵			
型号：	IS65-50-160A	转速：	2900r/min
扬程：	24m	效率：	64%
流量：	22m³/h	电机功率：	3kW
允许吸上真空高度：	7m	重量：	

铭牌上型号表示的意义：

IS——国际标准离心泵（单级单吸悬臂式离心泵；65——水泵进水口直径（mm）；50——水泵出水口直径（mm）；160——叶轮名义直径（mm）；A——叶轮切削代号，表示该泵已装配经过一次切削的叶轮。

铭牌上的基本参数一般都是指在最高效率时数据，称为额定数据。

一、水泵的特性曲线

水泵的特性曲线是水泵厂出厂产品中抽样试验得来的。它表示在额定转速情况下，流量与扬程（$Q \sim H$），流量与轴功率（$Q \sim N$），流量与效率（$Q \sim \eta$）之间相互关系的曲线。从曲线上能比较方便地看出水泵流量变化与其他性能参数发生变化的关系。可以了解水泵最佳的工作区域，最高效率时水泵的流量、扬程，以便合理地选泵、用泵。

现以8sh-13型泵的特性曲线为例，解释特性曲线的使用方法，见图2-4。

1. 该水泵转速为2900r/min。它有两种直径的叶轮，一种为$D = 204$mm（图2-4中实线部分）；一种为经过切削的叶轮$D = 193$mm（图2-4中虚线部分）。

2. 每一个流量都相应有一个扬程（H）、轴功率（N）、效率（η）和允许吸上真空高度（H_s）。例如当$D = 204$mm，如Q为80L/s则可查得$H = 41$m、$N = 38$kW、$\eta = 85\%$、$H_s = 3.5$m。

3. 在$Q \sim \eta$曲线上有一个最高点A，其相应的效率最高，与A点对应的H、Q、N、

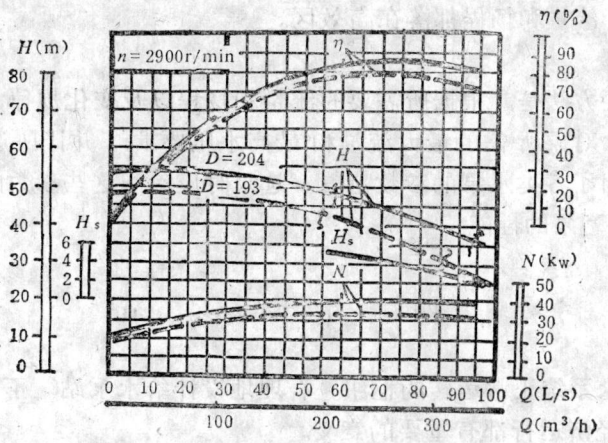

图 2-4　8sh-13型水泵工作特性曲线

IS型单级单吸悬臂式离心泵性能　　　　　　　　　表 2-3

型　号	流量 Q		扬程 H (m)	转速 n (r/min)	配电动机		效率 η (%)	吸程 H_s (m)	叶轮直径 D (mm)	重量 (kg)
	m³/h	L/s			功率 (kW)	型　号				
IS50-32-125	8 12.5 16	2.2 3.47 4.4	22 20 18		1.5	Y90S-2	60	7.2	125	32
IS65-50-125	17 25 32	4.72 6.94 8.9	22 20 18		3	Y100L-2	69	7	125	34
IS80-65-125	31 50 64	8.61 13.9 17.8	22 20 18		5.5	Y132S₁-2	76		125	36
IS80-50-200	31 50 64	8.61 13.9 17.8	55 45 42	2900	15	Y160M₂-2	69	6.6	200	45
IS100-65-160	65 100 125	18.1 27.8 34.7	35 32 28		15	Y160M₂-2	79		160	60
IS100-65-315A	61 95 118	16.9 26.4 32.8	125 111 102		55		64	5.8		100
IS200-150-200	230 315 380	63.9 87.5 105.6	14 12.5 11	1460	18.5	Y180M-4	85	4.5	200	135

H_s 值为最高工作效率的数值，水泵铭牌上一般列出这组参数。

4.在 Q~H 曲线上常有 "∫∫" 线记号，表示在记号 "∫∫" 范围内的一段曲线是建议水泵的使用范围。这个范围表示为该台水泵的最经济工作范围，称为高效区。选择水泵时，应使水泵的设计流量和扬程都落在高效区。

二、水泵的选择

选择水泵的主要方法是，根据所需要的流量和扬程以及变化规律，来确定水泵的型号和台数。即满足供水对象所需的最大流量和最高水压要求，并让所选的泵处于高效区工作。水泵样本上给出了各类水泵的参数范围。选泵时应参阅这些参数的特性曲线和性能表进行。表2-3列出IS型泵的性能。

第四节 给水泵站

给水泵站是给水系统正常运转的枢纽。合理地设计给水泵站，不仅对保证正常供水，而且对降低成本、经济运行都有重要的意义。

一、给水泵站的分类

泵站按其在给水系统中的作用，可分为：

1. 一级泵站。又称取水泵站。一般是从水源取水，将水送到净水构筑物。在原水水质良好的情况，有时直接将水送到用户。

2. 二级泵站。又称清水泵站或送水泵站。它的作用是将经过净化处理后的水输送至管网、水塔或用户。

3. 加压泵站。又称中途泵站。它的作用是提高输水管或配水管网的供水压力。它可以从管网中某一段或调节池中吸水，再压入下一管段，以提高水压满足用户要求。

二、水泵机组的布置

一台水泵和它的配套电动机安装在一起称为水泵机组。泵站内机组布置应保证工作可靠，运行安全，装卸、维修和管理方便，管道总长度最短，接头配件最少，并考虑泵站有扩建的余地。

村镇给水泵房的机组布置形式主要有：平行单排布置见图2-5(a)；直线单行布置见图2-5(b)。平行单排布置适宜于单吸悬臂式水泵；直线单行适宜于双吸式水泵。两种布置的优点是：泵房跨度小，机组布置紧凑，管路简单。

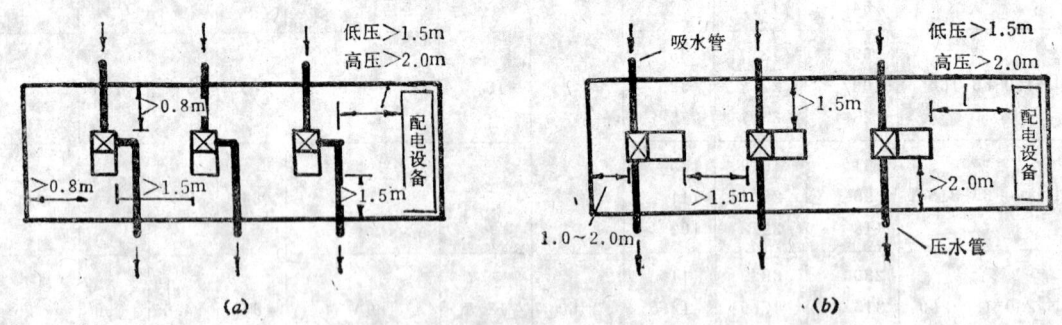

图 2-5 泵站内机组布置
(a)平行单排安置；(b)直线单行布置

水泵机组的布置应遵守以下规定：

1. 相邻两机组的间距，当电动机容量在55kW以下，一般不小于0.8m；当电动机容量大于55kW时，应不小于1.2m。

2.泵房主要人行通道一般为1.0~1.2m。配电设备前的过道，低压部分应大于1.5m；高压部分应大于2m。

3.设备的突出部分之间或突出部件与墙壁之间，在任何情况下不小于0.8m。

水泵机组是安装在共同的基础上。基础的作用是支承并固定机组，使它运行稳定。因此，对基础要求是：

1.坚实牢固，不但能承受机组静荷载，还能承受机械震动荷载。

2.要浇制在较坚实的地基上，不宜浇制在松地基或回填土上，以免发生下沉和滑移。

卧式水泵均为块式基础，尺寸大小一般均按所选水泵安装尺寸所提供的数据确定。如无上述资料，对带底座的小型水泵可选取：

基础长度 L = 底座长度 + (0.15~0.20)(m)

基础宽度 B = 底座宽度方向上螺孔间距 + (0.15~0.20)(m)

基础高度 H = 底座地脚螺栓的长度 + (0.15~0.20)(m)

三、管路布置与敷设

（一）对吸水管路布置要求

1.吸水管路应尽量少用管配件减小管长，以减小管路的水头损失。

2.吸水管路一般采用钢管，以避免漏气。

3.每台水泵设置单独的吸水管直接向吸水井或清水池中吸水。

4.吸水管应有向水泵不断上升的坡度（i = 0.005）。

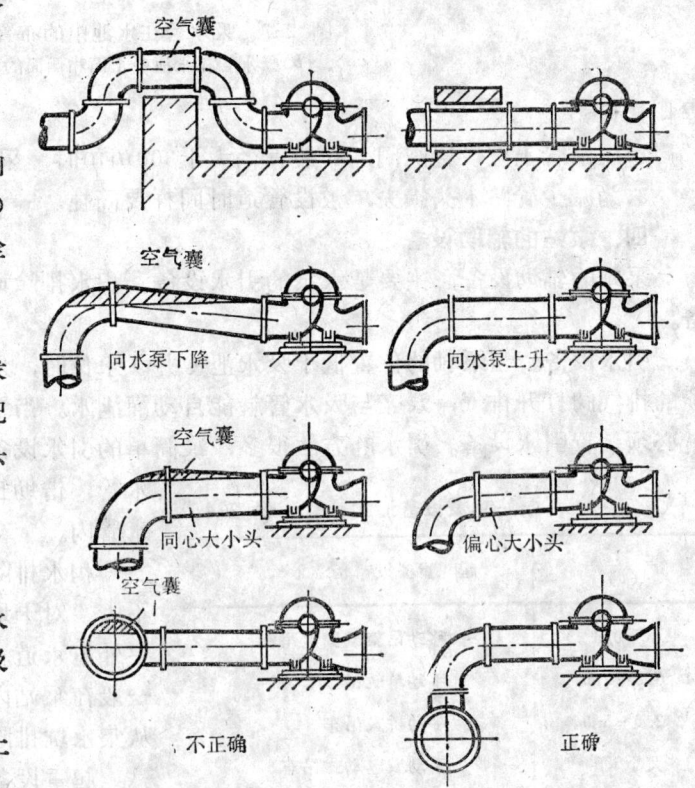

图2-6 吸水管路的正确与不正确安装

为了避免在吸水管内聚积空气，形成气囊，应避免不正确的安装方法，见图2-6。

5.吸水管路上的变径管应采用偏心渐缩管，并保持渐缩管上边成水平，以避免形成气囊。

6.吸水管进口断面应有0.5~1.0m的淹没深度，见图2-7(a)。吸水管进口高于井底不小于0.8D，D为吸水管喇叭口（或底阀）扩大部分的直径。

7.吸水管喇叭口边缘距离井壁不小于0.75~1.0D；在同一井中安装有几根吸水管时，吸水喇叭口之间的距离不小于1.5~2.0D。见图2-7(b)。

（二）对压水管路布置要求

1.泵站内压水管路经常承受高压，所以要求坚固不漏水。通常采用钢管，并尽量采用

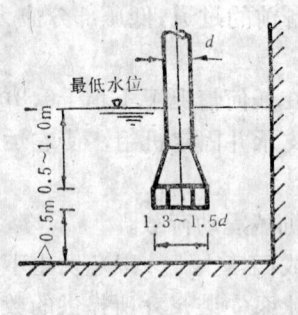 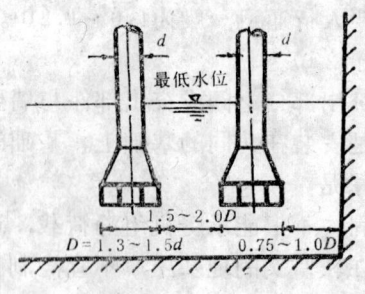

图 2-7 吸水管在水池中的布置
(a)、(b)吸水管在水池中正面和侧面的位置

焊接接口。

2. 压水管上应设置阀门，一般直径大于300mm时，采用电动阀门。

3. 为减少管路水头损失，敷设管道时同样要简捷。

四、泵站的辅助设备

泵站的辅助设备，主要是水泵的引水设备、积水排除设备、起重设备以及采暖通风设备。

引水设备。当泵轴的位置低于吸水池（井）水位时，水泵处于自灌状态，只要将泵壳顶的排气阀打开排气，泵壳与吸水管就能自动灌满水。当泵轴的位置高于吸水池水位时，就必须装置引水设备。引水的方法很多，最简单的引水设备就是在泵壳顶部连接一根自来水管，借助自来水的压力将水引入泵壳和吸水管内。

积水排除设备。泵站内的积水一般水量不大。对于地面式泵站，可以通过自流排入室外下水道。对于地下式或半地下式泵站，一般在泵站内设集水坑，然后通过小型水泵从集水坑排除积水。

起重设备。为了检修或更换设备的需要，泵站内应考虑设起重设备。起重设备应能吊起泵站内最重一台水泵或电动机。起重设备的形式，可参考表2-4选用。

泵站起重设备形式　表 2-4

起重量 (t)	起重设备形式
小于0.5	移动吊架或固定吊钩
0.5～2.0	手动单轨吊车
2.0～5.0	手动桥式吊车
大于5.0	手动或电动式吊车

泵站内的通风方式一般采用自然通风。当泵站为地下式或电动机功率较大，采用自然通风不能满足要求时，特别是南方炎热地区，应采用机械通风设备。

对于北方寒冷地区，泵站内应考虑采暖设备。对于自动化泵站，机器间的空气温度要保持不低于5℃；对于非自动化泵站，机器间内空气温度要达到16℃。

第三章 村镇给水概述

第一节 村镇给水的意义和特点

村镇给水的任务是，保证人们在工农业生产，生活和消防中的用水，并做到经济合理，安全可靠地满足用水对象对水量、水质和水压的基本要求。

在村镇发展给水事业有着十分重要的意义：

1. 有利于提高农民生活、卫生水平，改变农村落后面貌。对建设和发展社会主义新农村，逐步缩小城乡差别有着深远的意义。

2. 村镇给水设施的建立，为乡镇企业的建设和发展提供了广阔的前景。乡镇企业的大力发展，不仅有力地支援社会主义建设，繁荣城乡经济，而且也提高和改善了农村经济。

3. 发展村镇给水事业，可以改善广大村镇居民的饮用水质，防止污染物质对人体的危害，增进村镇居民的健康水平。对促进农村"两个文明"的建设有着重要的作用。

由于村镇的生活和生产活动规律、居民状况、卫生设施以及经济条件等因素，决定了村镇给水的特点：

1. 以生活用水为主。在农村的范围内，水的消耗大多是供生活饮用，即使有少量的村办企业，往往也是以手工业为主，生产用水量极少。在城镇的范围内，虽然企业相对较多，但生活用水量仍占全部用水量的60～70%以上。

2. 用水点分散。目前我国农村居住点仍比较分散，通常按自然村集居，人口多在700～800人左右，乡镇所在地的人口可达3000～5000人以上。各居住点之间往往相隔一段距离，彼此独立。

3. 用水时间相对集中。在同一居住点，大多数人从事同类生产活动，生活规律基本一致，用水时间相对集中，也比较有规律。

4. 对安全供水的要求程度低。短时间的停水所造成的影响较小。

5. 用水量小，供水压力低。由于村镇人口和建筑物的规模都比较小，因而所需要的水量小、水压低。

针对这些特点，在村镇修建给水工程时应考虑以下几点：

1. 由于村镇的经济条件，用水点分散，安全供水程度低等因素决定了村镇输配水管网一般为树枝状。当经济条件尚不允许送水到户时，可先采取集中龙头定点供水。

2. 鉴于用水时间相对集中、水量小、供水压力低的特点，供水系统中一般设置调节构筑物，水厂采取间歇工作制。当水厂停产时，由水塔或高位水池供水，因而调节构筑物的容积相应要大一些。

3. 由于目前村镇基建力量不强，操作管理水平不高，所以采用的净水构筑物应力求简单可靠、操作方便。在材料上应尽量选用当地材料，节省投资。

第二节 村镇给水系统的组成和基本布置形式

一、村镇给水系统的组成

村镇给水系统通常由取水工程、净水工程和输配水工程三部分组成。

取水工程的作用是保证从适宜的天然水（包括地面和地下水）中取得足够的水量。一般包括取水构筑物和一级泵站。

净水工程的作用是通过适当的水质处理工艺，使天然水水质符合国家生活饮用水标准或生产用水水质标准。一般由净化构筑物和消毒设备所组成。

输配水工程的作用是把经净化处理后的水以一定压力，通过管道系统输送到各用水点。一般由二级泵站，调节构造物和输配水管道所组成。

这三个部分不是固定不变的，有时因水源水质、地震条件的变化，给水系统也可能简化。如以符合卫生要求的深层地下水作为水源，则不需要净化处理工程，仅建造取水和输配水工程即可。如以江河水作为水源，则必须建造取水、净水、输配水工程。因此，在选择给水系统时，应根据具体情况做具体的分析，进行必要的技术经济比较，合理地布置给水系统。

二、村镇给水系统的布置形式

村镇给水系统的基本布置形式有以下几种：

1. 统一给水系统。村镇的生活、生产、消防用水均按生活饮用水水质标准，用同一给水管网、统一出厂压力供给用户的给水系统，称为统一给水系统，见图3-1。

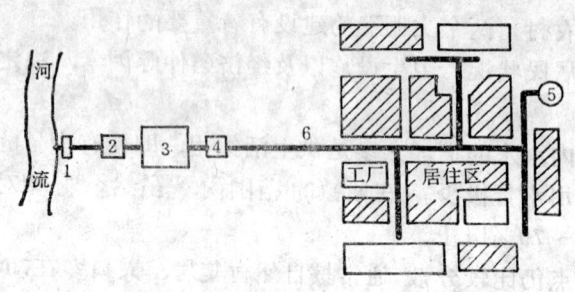

图 3-1 系统给水示意

1—取水构筑物；2——级泵房；3—净水构筑物；4—二级泵站；5—水塔；6—输、配水管网

统一给水系统适用于：各用水户对水质、水压要求相差不大的村镇。在水源附近有高地可利用的村镇，可省去二级泵房，利用重力供水。

2. 分区给水系统。鉴于村镇用水点分散、用水量小的特点，如在相距不远的各村自己建造水厂，必然造成水厂规模小、基建投资和制水成本高的弊端。如采用一个水厂向分散的两个或两个以上村镇供水，每个村镇有独立的管网和调节构筑物，而且与其它村相互连成一个整体。这种给水系统称为分区给水系统，见图3-2。

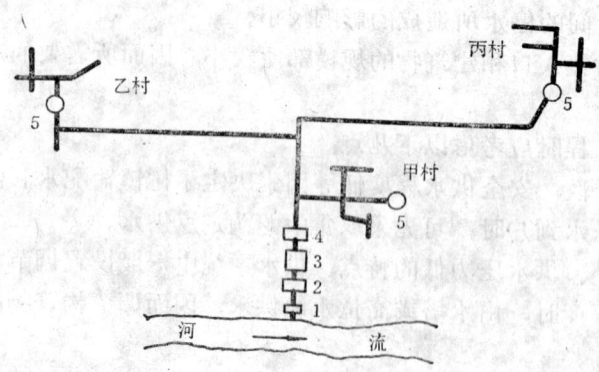

图 3-2 分区给水系统示意

1—取水构筑物；2——级泵房；3—净水构筑物；4—二级泵站；5—水塔

分区给水系统能根据各村镇不同情况考虑管网和调节构筑物的布置，根据压力的需要可在管网中增设加压泵，这样可节省基建投资，减少运行管理费用。

3.分压给水系统。如一个村镇地形高差较大，或由同一水厂供水的两个或两个以上村镇的地形高差较大，可采用分压给水系统，见图3-3。

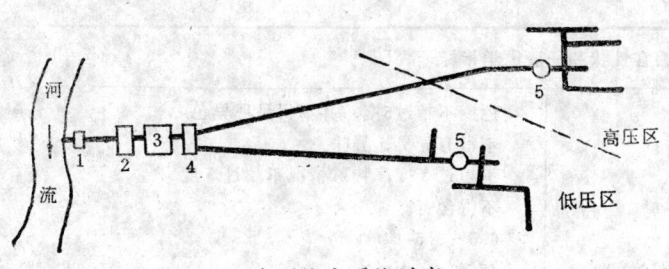

图 3-3 分压给水系统示意
1—取水构筑物；2——级泵房；3—净水构筑物；4—二级泵房；5—水塔

分压给水系统是由二级泵房用不同的水泵分别向高压区和低压区供水。主要优点是能降低低压区的配水压力，节省高压管道，减少运行管理费。

给水系统的布置形式还有分质给水系统、重复给水系统等。在选择给水系统时，应根据当地地形、经济等情况全面考虑。

第三节 村镇给水系统布置的一般原则

村镇给水工程的建设，一般是由国家投资与集体集资共同修建的。因此，给水系统的布置，必须符合国家的建设方针和政策。在村镇总体规划基础上，尽量做到技术先进，经济合理，安全可靠。村镇给水系统的布置应遵循以下一般原则。

1.保证满足用户对水量、水质、水压的要求，并做到投资省，运行管理费用低，能安全生产。

2.选择水质较好或较易处理的天然水作为水源。在地下水丰富的地区，应优先考虑地下水源；在选择河流水时，应注意上下游的卫生和水文条件，防止对水质和取水构筑物的影响取水地点应选择在符合卫生要求，靠近用水区的地方，以便节省投资，减少经营管理费用。

3.水厂应尽量接近村镇，以减少高压输水管。水厂的构筑物应选择技术先进，简单可靠，易于掌握，运行方便，并能保证处理后的水质符合要求的设备。

4.输、配水管是给水工程投资的主要部分，应多做方案进行比较。管材的选用应就近取材。对居民较集中的大村镇，可逐步采用环状管网，以增加供水能力。

5.考虑近期与远期发展的需要，作出全面的规划。在指导思想上，要走发展集镇为中心的集中式给水和各种形式的村、户简易式给水相结合的道路。

6.对于扩建、改建的村镇给水工程，应考虑充分发挥原有给水设施的效能。

7.在经济条件好的村镇，应有计划、有步骤地实现给水管道自动化，提高经济效益。

第四节 水质标准与用水量标准

一、水质标准

判断水质的好坏是以水质标准为依据。村镇给水主要是供生活饮用，其水质必须符合

生活饮用水水质标准 表 3-1

编号	项目	标准
感官性状和一般化学指标		
1	色	色度不超过5度，并不得呈现异色
2	臭和味	不得有异臭、异味
3	浑浊度	不超过 3 度，特殊情况不超过 5 度
4	肉眼可见物	不得含有
5	pH值	6.5～8.5
6	总硬度（以碳酸钙计）	45° mg/L
7	铁	0.3 mg/L
8	锰	0.1 mg/L
9	铜	1.0 mg/L
10	锌	1.0 mg/L
11	挥发酚类（以苯酚计）	0.02 mg/L
12	阳离子合成洗涤剂	0.3 mg/L
13	硫酸盐	250 mg/L
14	氯化物	250 mg/L
15	溶解性总固体	1000 mg/L
毒理学指标		
16	氟化物	1.0 mg/L
17	氰化物	0.05 mg/L
18	砷	0.05 mg/L
19	硒	0.01 mg/L
20	汞	0.001 mg/L
21	镉	0.01 mg/L
22	铬（六价）	0.05 mg/L
23	铅	0.05 mg/L
24	银	0.05 mg/L
25	硝酸盐	20 mg/L
26	氯仿①	60 μg/L
27	四氯化碳①	3 μg/L
28	苯并(a)芘①	0.01 μg/L
29	滴滴涕①	1 μg/L
30	六六六①	5 μg/L
细菌学指标		
31	细菌总数	100 个/mL
32	总大肠菌群	3 个/L
33	游离余氯	在接触30min后应不低于0.3mg/L。集中式给水除出厂水应符合上述要求外，管网末梢不应低于0.05mg/L
放射性指标		
34	总α放射性	0.1 Bq/L
35	总β放射性	1 Bq/L

① 试行标准。

国家现行《生活饮用水卫生标准》(GB 5749—85)中的规定，具体项目见表3-1。这一标准以感官性状和一般化学、毒理学、细菌学、放射性四个方面作了规定。

1.感官性状指标，包括色、浑浊程度、嗅味等。色、臭、味的存在不仅给使用者产生厌恶。同时，也可能是水中含有致病物质的标志。浊度超过了5度就可以从外观上觉察出来，而且意味着水中存在有害物质、细菌和病菌。因而要求水质从感官上对人体无不良刺激。

化学指标，包括pH值、总硬度、铁、锰、铜、锌、挥发酚类等指标。水中存在的某些化学物质，一般情况下虽然对人体并不构成直接危害。但往往对生活使用产生不良影响。如使水产生颜色、异臭、异味、锅垢等。所以，化学指标在某些方面同感官性状指标是有一点联系的。

2.毒理学指标，包括氟化物、铅、砷等有毒物质。当其含量超过水质标准时，将对人体产生危害。许多重金属具有毒性，但水中存在的某些重金属通常都是区域性的，如镉、汞、硒等。

3.细菌学指标。细菌总数反映了水体受到生活污水或有机物污染程度的高低；大肠菌基本上反映水体受人类粪便污染的程度。细菌学指标是控制病菌通过饮用水进行传播，同时规定游离性余氯，以便在水中继续杀菌。

4.放射性指标。这是检测水源是否受到放射性物质污染的标准。

考虑到目前村镇的现状和某些地区的特殊情况，国家爱卫会、卫生部发布了农村实施《生活饮用水卫生标准》准则，见表3-2。此准则是保证居民生活饮用水质符合安全卫生，逐步达到国家水质标准的现行方法。起着促进农村改水事业发展的作用，适用于广大村镇居民点的集中给水和分散给水。准则将生活饮用水分为三个级别，20个项目。其中一级的期望值即国家规定的标准；二级为允许值；三级为缺乏其它可选择水源时的放宽限制。20个项目中的肉眼可见物、砷、汞、镉、铬（6价）、铅、硝酸盐（以氯计）、游离余氯的二、三级均按国家规定的标准施行。准则还规定：农村生活饮用水水质不得超过表中规定的限值。

村镇给水的水质应达到二级以上。考虑到某些地区由于经济、地理等因素所致，使水源选择和处理条件受限制的情况，容许按二、三级水质要求处理。但是，决不准以二、三级水质的要求为借口，使污染水源、恶化水质的行为合法化。

二、用水量标准

用水量是决定给水规模的一项重要依据。它不仅决定水厂的规模，给水工程中各构筑物的大小，而且直接影响水厂投产后的正常运行以及人们的生活。因此，正确地按用水量标准估算村镇用水量是给水规划的主要任务。村镇的用水量，主要包括生活用水、生产用水、消防用水以及未预见用水量。

1.生活用水量标准。生活用水是指人们从事生活活动需要的水，包括居民家庭用水，学校、机关、医院、餐馆、浴室等公共建筑的用水。

（1）居民住宅建筑的生活用水量可按表3-3计算。

（2）公共建筑的生活用水量，可按住宅建筑的生活用水量的8～20%进行计算。

2.生产用水量标准。生产用水量包括乡镇工业用水量及农业建筑生产用水量。

（1）乡镇工业用水量可按单位产品用水量计算，或采用万元产值耗水量按表3-4进

生活饮用水水质分级的要求   表 3-2

项目	二级	三级
感官性状和一般化学指标		
色(度)	20	30
浑浊度(度)	10	20
pH	6～9	6～9
总硬度(mg/L以碳酸钙计)	550	700
铁　　(mg/L)	0.5	1.0
锰　　(mg/L)	0.3	0.5
氯化物(mg/L)	300	450
硫酸盐(mg/L)	300	400
溶解性总固体(mg/L)	1500	2000
毒理学指标		
氟化物(mg/L)	1.2	1.5
砷、汞、镉、铬、铅、硝酸盐	同国家标准	同国家标准
细菌学指标		
细菌总数(个/mL)	200	500
总大肠菌群(个/L)	11	27
游离余氯(mg/L)	同国家标准	同国家标准

村镇住宅建筑生活用水量标准   表 3-3

供水方式	最高日用水量(L/人·d)	平均日用水量(L/人·d)	时变化系数
集中龙头供水	20～60	15～40	3.5～2.0
供水到户	40～90	20～70	3.0～1.8
供水到户设水厕	85～130	55～100	2.5～1.5
户内设水厕淋浴洗衣设备	130～220	95～180	2.0～1.4

各类工业用水量标准(估算)   表 3-4

工业类型	万元产值耗水量(m³/万元)	工业类别	万元产值耗水量(m³/万元)
冶金	120～180	食品	150～180
电力	160～180	纺织	100～130
石油	500～600	缝纫	15～30
化学医药	200～400	皮革	60～90
机械	80～100	文化用品、印刷	60～120
建材	180～300	造纸	600～1000
木材加工	90～120	其它	100～150

行估算。

(2) 农业建筑生产用水量可按表3-5和表3-6进行计算。

3. 消防用水量。从目前村镇现状考虑，一般不单独考虑消防用水量。如果一旦发生火

主要畜禽饲养用水量标准　　　　　表3-5

畜禽类别	用水量 (L/头·d)	畜禽类别	用水量 (L/头·d)
马	40～60	羊	10～20
奶牛	250～300	鸡	0.5～1.0
猪	50～100	鸭	1.0～2.0

主要农业机械设备用水量标准　　　　　表3-6

机械类别	用水量	机械类别	用水量
柴油机	35～50(L/马力·h)	机床	30(L/台·d)
汽车	100～120(L/辆·d)	汽车拖拉机修理	1500(L/台·次)
拖拉机	100～150(L/台·d)		

警，可以一方面提高水厂的出水量；另一方面减少其它用水户的用水量，以满足消防要求。在有条件的地区，尽量地利用天然水源作消防用水。一般对人数不超过500人的村镇，可在配水管网中设置1～2个消火栓；对规模较大的村镇应按现行的《村镇建筑设计防火规范》的规定进行。

三、用水量计算

（一）用水量的变化

用水量标准仅是一种平均值，而各种用水量是处于逐日逐时经常变化状态。生活用水量随着生活习惯、气候变化而变化。生产用水量则因工艺过程、工作制度的不同也会变化。

一年中用水量最多的一天，称为最高日用水量。最高日用水量与平均日用水量的比值，称为日变化系数，以符号K_d表示，其值一般为1.1～1.2。即

$$K_d = \frac{Q_{d \cdot max}}{Q_d} \qquad (3-1)$$

式中　$Q_{d \cdot max}$——年最高日用水量；

　　　Q_d——平均日用水量。

在最高日内，最大一小时用水量称为最高时用水量。最高日最高时用水量与最高日平均时用水量的比值，称为时变化系数，以符号K_h来表示，其值一般为2～3.5。即

$$K_h = \frac{Q_{h \cdot max}}{Q_{d \cdot h}} \qquad (3-2)$$

式中　$Q_{h \cdot max}$——最高日最高时用水量；

　　　$Q_{d \cdot h}$——最高日平均时用水量。

（二）用水量的计算

1. 最高日用水量计算：

（1）住宅最高日生活用水量Q_1；

$$Q_1 = q_{max}N \quad (L/d) \quad (3-3)$$

式中 q_{max}——住宅最高日生活用水量标准（L/人·d），可查表3-3；
   N——规划年限内人口（人）。

（2）公共建筑生活用水量Q_2：可按住宅最高日生活用水量的8～20%考虑。即

$$Q_2 = (0.08 \sim 0.2)Q_1 \quad (L/d) \quad (3-4)$$

（3）生产用水量Q_3：

$$Q_3 = Q_x + Q_1 \quad (L/d) \quad (3-5)$$

式中 Q_x——乡镇工业用水量之和，可查表3-4；
   Q_1——农业生产用水量之和，可查表3-5和表3-6。

最高日用水量$Q_{d·max}$：

$$Q_{d·max} = (Q_1 + Q_2 + Q_3 + Q_4)K_1 \quad (3-6)$$

式中 Q_4——消防用水量（L/d）；
   K_1——未预见用水量，一般取值为1.1～1.2；即总水量的10～20%。
其他符号同前。

2. 管网的设计流量$Q_{h·max}$：管网的设计流量按最高日最高时的用水量确定。即

$$Q_{h·max} = K_h \frac{Q_{d·max}}{24 \times 3600} \quad (L/s) \quad (3-7)$$

式中 K_h——时变化系数。对生活用水量可查表3-3；对生产用水采用1。

3. 水厂的设计用水量：确定水厂各构筑物的大小时，其设计流量按最高日平均时计算，另外考虑5～10%的水厂日用水量。即

$$Q_{d·h} = (1.05 \sim 1.1) \frac{Q_{d·max}}{24 \times 3600} \quad (L/s) \quad (3-8)$$

如水厂每日工作时间不是24h，式（3-8）则应按实际工作时数计算。

【例题 3-1】 某镇现有人口4000人，在规划年限内预期发展到6000人。其中30%居民从集中龙头取水，40%居民室内有供水龙头，30%居民室内有供水龙头和水厕。全镇有用水量较大的乡镇企业8家，另有办公楼、卫生所、学校等公共建筑。试计算该镇的用水量。

【解】 1. 居民最高日生活用水量Q_1计算：居民最高日生活用水量应根据当地用水习惯和房屋卫生设备的完善程度，按表3-3和式（3-3）进行计算：

$Q_1 = q_{max}N = (50 \times 6000 \times 30\%) + (80 \times 6000 \times 40\%) + (120 \times 6000 \times 30\%)$
  $= 498000 L/d = 498 m^3/d$

2. 公共建筑生活用水量Q_2计算：村镇公共建筑一般规模不大，其生活用水量可按式（3-4）进行计算：

$$Q_2 = (0.08 \sim 0.2)Q_1,$$

本例取0.1，则

$$Q_2 = 0.1 \times 498 = 49.8 m^3/d$$

3. 生产用水量Q_3计算：村镇生产用水量包括乡镇工业生产用水量和农业建筑生产用水量。一般通过调查、实测或对单位产品用水量、单位机械设备用水量的计算得到。也可按表3-4、表3-5、表3-6进行估算，并将计算或估算结果列入用水量统计表。

生 产 用 水 量 统 计 表　　　　　　　　表 3-7

编　号	用　水　户	用　水　量 (m³/d)	计　算　方　式
1	建 材 厂	10	按万元产值耗水量估算
2	豆 制 厂	40	按万元产值耗水量估算
3	纺 织 厂	60	按万元产值耗水量估算
4	皮 革 社	7	按万元产值耗水量估算
5	造 纸 厂	80	按万元产值耗水量估算
6	农 机 站	20	按机械台数计算
7	奶 牛 厂	5	按畜禽头数计算
8	养 鸡 房	5	按畜禽只数计算
	生产用水量合计	227	

4. 未预见水量 Q_4 计算: 考虑村镇建设的发展, 未预见用水量采用上述三项用水量总和的20%。即

$$Q_4 = (498 + 49.8 + 227) \times 20\% = 154.96 \text{m}^3/\text{d}$$

5. 村镇最高日用水量 $Q_{d \cdot max}$:

$$Q_{d \cdot max} = 498 + 49.8 + 227 + 154.96 = 929.76 \text{m}^3/\text{d}, \text{ 取 } 930 \text{m}^3/\text{d}$$

6. 村镇最高日最高时设计用水量计算: 最高日最高时设计用水量即管网的设计流量, 它是由最高日平均时用水量乘以时变化系数 K_h 求得。

居民生活用水根据室内卫生设备完善程度, 由表3-3选用时变化系数。本例采用 $K_h = 2.0$。

生产用水量时变化系数采用 $K_h = 1$。

生活用水按24h考虑; 生产用水按16h考虑。

按式(3-7)分项计算, 即

$$Q_{h \cdot max} = K_h \frac{Q_{d \cdot max}}{24 \times 3600} = \left(\frac{Q_1 \times 2.0}{24} + \frac{Q_2 \times 2.0}{24} + \frac{Q_3 \times 1.0}{16} \right) \times 1.20 \times \frac{1000}{3600}$$

$$= \left(\frac{498 \times 2}{24} + \frac{49.8 \times 2}{24} + \frac{227 \times 1}{16} \right) \times 1.20 \times \frac{1000}{3600}$$

$$= (41.5 + 4.15 + 14.19) \times 1.20 \times \frac{1000}{3600} = 19.95 \text{L/s}$$

7. 一级泵站和水厂的设计流量计算: 水厂采用16h工作制。因水厂规模小, 故水厂自用水量采用最高日平均时用水量的10%, 由式(3-8)得一级泵站。水厂的设计流量为

$$Q_{d \cdot h} = 1.1 \times \frac{Q_{d \cdot max}}{16} = 1.1 \times \frac{930}{16} \times \frac{1000}{3600} = 17.76 \text{L/s}, \text{ 取 } 18 \text{L/s}。$$

第四章 给水水源及取水构筑物

第一节 水源类型及选择

一、水源的类型

水源分地下水和地面水两大类。地下水和地面水都是来源于雨、雪等大气降水，只是由于地形地势的不同，有的汇集到江、河、湖等水体而形成的地面水；有的直接渗入地下或通过河流渗入地下形成地下水。

（一）地下水源及水质特征

地下水由于埋藏在地表以下，因而水在地下流动时，受到地层的吸附、过滤和微生物作用，一般具有水质清澈、水温稳定、无色无味、分布面广、不易受外界环境污染等优点。但其流量较小，矿物质含量较高。地下水源根据取水条件的不同分为浅井水、深井水、泉水等。

1.浅井水。系指地面下第一隔水层以上的水，也叫潜水。由于离地面近，易受地面水污染，水位变化也较大。其浑浊度较低，矿物质含量、硬度偏高，部分地区铁、锰含量较高，细菌含量较少。

2.深井水。系指穿过地层内隔水层后所得到的水，也称为承压水。其水量稳定、水质清澈、细菌含量一般能满足卫生要求。但硬度较高，铁、锰、氯化物常超标准。

3.泉水。指含水层露出地面，自流而出的地下水。水质一般较好，常含与地层有关的化学元素，部分地区水温较高。是比较理想的水源。

（二）地面水源及水质特征

由于地面水直接与大气接触，容易受地面各种因素的影响，具有浊度高，易受周围环境污染、以及水量随季节变化较大的特点。但取用方便，矿化度、硬度较低。地面水可分为江河水、湖泊水、海水等。

1.江河水。由于河流流程长、流域广，因而水中悬浮物和胶体杂质含量较多，浊度、细菌含量较高；水质、水量随季节和自然环境变化而变化。大多数河流的含盐量和硬度无碍于生活饮用，但易受生活污水、工业废水和其它人为污染、有害有毒物质易侵入水体。

2.湖泊、水库水。一般由河流水补充其水量，水质与河流相似。但由于流动缓慢，贮存时间长，进入其中的部分悬浮杂质能依靠重力作用而下沉，所以浊度较低；细菌含量较高。由于阳光的照射，水里往往会繁殖大量浮游生物和藻类，使水产生色、臭、味。同时不断地蒸发使含盐量高于河流水。

村镇坑塘水一般水量较小，自净能力差，污染严重，常有臭味并含有大量有机物和细菌，水质较差。

二、水源的选择

合理地选择水源，对确保优质、安全、低成本供水和降低整个给水工程的投资有着重要的意义。

给水水源的选择一般应注意以下问题：

1. 水量充沛。水源的水量要充沛可靠，既能满足近期需要，又能适应发展要求。对地下水源，取水量不应大于其开采储量（指开采期内，不使地下水位连续下降或水质变坏的条件下，从含水层中所能取得的流量）。对天然河流的取水量，不应大于该河流枯水期流量的15～25%。

2. 水质良好。作为生活饮用水的水源，应符合或接近《生活饮用水卫生标准》（GB5749—85）中关于水源的若干规定。因为常规净化处理对去除病毒，人工合成的有毒物质、重金属离子等杂质的效果一般很差。所以，要求水源的水质要好。

3. 考虑农业、渔业、水利的综合利用。各种水资源的综合利用对村镇经济的全面发展具有重要的意义，必须考虑给水、农业、渔业、航运、发电等方面的统筹安排。在缺水地区，如条件允许，应尽量考虑饮水和灌溉两用。

4. 水源的选择应密切结合村镇规划的总体布局和发展远景，考虑整个给水系统在近期和远期的安全和经济，并注意取水、净化、输配水等设施的施工和运行要求，尽量减少给水系统的投资和运行管理费用。

5. 当有多个水源时，作为生活饮用水水源应首先考虑地下水，并且依次考虑泉水、浅井水和深井水。在开采地面水时，首先考虑江河水、湖泊水，其次才考虑拦河筑坝，必要时可考虑海水的利用。取水点应该在村镇的上游。

三、水源的防护

为了防止外界污染的影响，保障水源的清洁卫生，在确定水源和取水点的同时，应在水源附近设置卫生防护地带。《生活饮用水卫生标准》中"水源卫生防护"，对防护地带作了规定：

作为集中式给水水源的卫生防护地带其范围和防护措施，应符合下列要求：

地面水：

1. 取水点周围半径100m的水域内，严禁捕捞、停靠船只、游泳和从事可能污染水源的任何活动，并应设有明显的范围标志。

2. 河流水取水点上游100m至下游100m的水域内，不得堆放废渣，不得设有害化学物品的仓库或堆栈或装卸垃圾、粪便和有毒物品的码头；沿岸农田不得使用工业废水或生活污水灌溉及施用持久性剧毒的农药；不得放牧。

3. 供生活饮用的水库、湖泊，应按具体情况将整个水库、湖泊及其沿岸列入此范围，并按上述要求执行。

4. 水厂生产区的范围，应明确划定并设立明显标志。在生产区外围不小于10m范围内不得设置生活居住区和修建畜禽饲养场、渗水厕所、渗水坑；不得堆放垃圾、粪便、废渣或铺设污水渠道，应保持良好的卫生状况和绿化。

5. 分散式给水水源的卫生防护地带，可参照上述规定执行。根据具体条件也可采用分段用水，分塘用水等措施。

地下水：

1. 取水构筑物的防护范围，应根据水文地质条件、取水构筑物的形式以及附近地区的卫生状况进行确定。其防护措施应按地面水水厂生产区要求执行。

2.在单井或井群的影响范围内,不得使用工业废水、生活污水灌溉和施用持久性或剧毒性农药;不得修建渗水厕所、渗水坑,堆放废渣或铺设污水渠道;并不得从事破坏深层土层的活动。

3.分散式的水源。水井周围20～30m范围内,不得设置渗水厕所,渗水坑,粪坑,垃圾和废渣堆等。并应建立必要的卫生制度,如加井盖,设公用提水桶,定期掏污物,不在井台上喂牲畜和洗衣服;禁止向井里投脏物等。

第二节 地下水取水构筑物

地下水取水构筑物根据地下水的类型、埋深、含水层厚度、水文地质等条件的不同,其开采方法和取水构筑物的型式也不同。一般分为管井、大口井、渗渠等形式。在村镇分散给水中,常用压水机井、竹筒井、灶边井等形式,集取浅层地下水或地表渗透水;泉水的集取可采用引泉室。

一、管井

管井又称机井。它是垂直安装在地下的取水构筑物,是地下水取水构筑物中采用最广泛的一种型式。适于开采含水层厚度大于5m底板埋深大于15m的情况。管井的直径有50～1000mm,常用150～600mm。井深为20～1000m,常用的在300m以内。

管井的一般构造见图4-1,通常由井室、井管、滤水管、沉砂管、人工填砾等部分所组成。

1.井室。是用以保护井口免受污染和安放水泵机组或其它设备的场所,也称深井泵房。井口应高于地面0.2～0.3m,并用水泥和优质粘土封闭,以防积水流入井内,污染水源。深井泵房分地下式或半地下式两种,具体可根据《给水排水国家标准图集》S6选用。

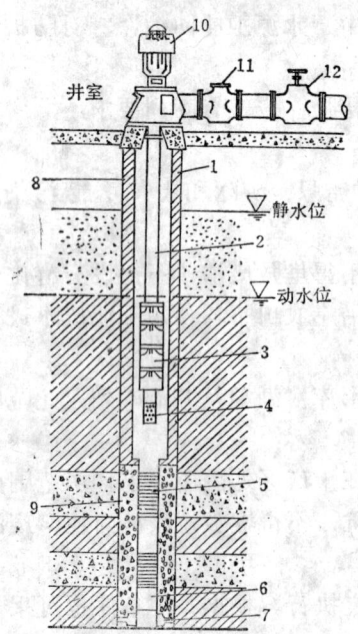

图 4-1 管井构造
1—井管;2—泵管;3—泵体;4—吸水管;5—滤水管;6—沉砂管;7—井管扶正器;8—封闭物;9—填砾;10—电机;11—止回阀;12—闸阀

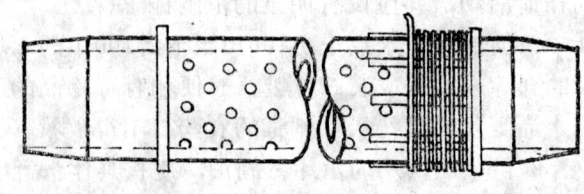

图 4-2 穿孔缠丝过滤器

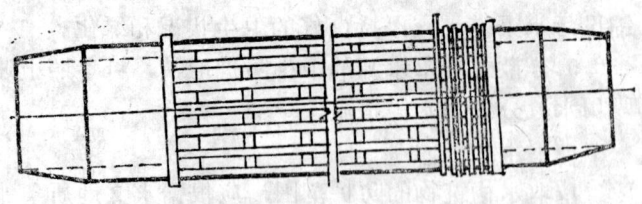

图 4-3 钢筋骨架过滤器

2. 井管。是用以加固井孔，防止井壁坍塌、井隔绝水质不良的含水层。井管的材料可采用钢管、铸铁管、钢筋混凝土管、石棉水泥管等。一般情况，非金属管适用于井深不超过150m的管井。井管内安装泵管和深井泵，因而井管口径应根据吸水管的最大外形尺寸和深井泵外径而定。一般井管内径应比井内设备的内径大50～100mm。

3. 滤水管。又称过滤器，安装于含水层中，用以集水和防止含水层中颗粒进入井内。滤水管周围有一层天然的或人工填砾的反滤层，以增加井的出水量。在砂及砂砾石含水层内，一般采用穿孔缠丝过滤器或穿孔包网过滤器（见图4-2）；在卵石或破碎基岩水层中，一般采用骨架式过滤器（见图4-3）；在坚硬或半坚硬的稳定岩层含水层，一般不需要安装过滤器。

过滤器下部是沉砂管，用以沉淀进入井内的细小砂粒和水中析出的沉淀物，其长度一般为2～10m。

管井的建造主要程序为：钻凿井孔、下沉砂管、滤管、井管、填砂与封井、安装抽水设备、洗井和进行抽水试验，修建泵房、安装水泵等。

二、大口井

大口井是广泛用于开采浅层地下水和河床渗透水的取水构筑物。井深一般不大于15m，井径一般为3～8m，可采用卧式离心泵抽水。

大口井的构造见图4-4，主要由井筒、井口，进水部分和井底反滤层等部分组成。

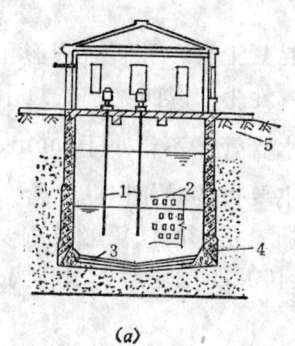
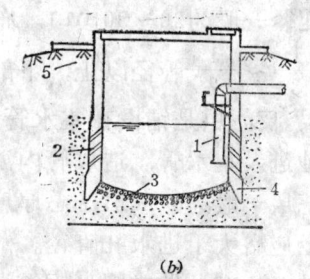

图 4-4 大口井
(a) 设泵大口井；(b) 圆筒大口井
1—吸水管；2—井壁井水孔；3—反滤层；4—刃脚；5—粘土层

1. 井筒。井筒一般为圆筒形，也有阶梯圆筒形等。通常用钢筋混凝土浇注或用砖、石砌筑而成。井筒用于加固井壁，防止井壁坍塌及隔离水质不良的含水层。

2. 井口。大口井露出地面的部分为井口。在井口上可设泵站；也可只设盖板，人孔和通气管。

为了避免地面上污水从井口或沿井壁侵入含水层而污染地下水，井口应高出地表0.5m以上，并在井口周围修建宽度为1.5m的散水坡。如在渗透性土壤处，散水坡下面还应填以厚度不小于1.5m的粘土层。如果大口井设在河漫滩（即河床大口井）及低洼地区时，为防止洪水冲刷和淹没，井盖应设密封人孔，并高出地面0.5～0.8m。

3. 进水部分。大口井的进水方式有：井壁进水、井底进水、井壁和井底同时进水三种。井壁进水，一般是在井壁上做成直径100~200mm圆孔或100×150mm、100×200mm、100×250mm等的矩形孔，交错布置在动水位以下；孔中装填一定级配的滤料层，孔的两侧放置格网防止滤料漏失。当采用井底进水时，井底部位应铺设锅底状的反滤层。反滤层是为了防止含水层的细水砂随水流进入井内，保持含水层渗透性稳定。反滤层一般3~4层，粒径自下而上逐渐增大，每层厚度约200~300mm。

三、渗渠

渗渠是截取地下水的一种取水方式。它是利用埋设在地下含水层中带孔眼的水平渗水管或渠道，依靠渗透和重力流来集取浅层地下水或地表渗透水。渗渠一般由水平集水管、反滤层、检查井、导水管组成。见图4-5。

图 4-5 渗渠布置
（a）平行河流布置；（b）垂直河流布置
1—集水管；2—检查井；3—集水井；4—泵站

1. 集水管。集水管一般采用带孔眼的钢筋混凝土管或混凝土管。孔眼有圆形和长条形两种。圆形孔径一般为20~30mm，布置成梅状，孔眼内大外小，以防堵塞。进水孔眼布置在离管底 $\frac{1}{3}$ ~ $\frac{1}{2}$ 管径以上，下部一般不设孔眼。集水管管径不得小于200mm。

2. 反滤层。反滤层是铺设在集水管周围的人工滤层。其主要目的是用以防止含水层中细小颗粒的泥砂进入集水管，造成管内淤积。反滤层铺设的质量是影响渗渠效果重要因素之一。人工反滤层一般为3~4层，总厚度约为800mm，与大口井的反滤层要求相同，但最内层滤料直径应略大于进水孔直径。

3. 检查井。检查井做成圆形钢筋混凝土较好。直径1~2m，井底做成1.5~1.0m深的沉砂槽。检查井在河面以上都采用封闭式井盖，外面用螺栓将井盖固定，以防漏进泥砂和洪水冲击。检查井在直线距离上50m左右设置一个，在转弯处都应设置。

4. 导水管。渗渠集水管与集水井的连接管叫导水管。一般用钢筋混凝土管或渠道，按一定坡度流向集水井。导水管要求不漏水和防止砂土流入。导水管上一般安设闸门以控制流量和水位。

5. 集水井。渗渠的终点为集水井。集水井往往与泵房吸水井合建在一起。合建的吸水井要满足水泵吸水的水位、水量、水深和沉砂的要求。

我国东北、西北和一些山区及山前区的间歇性河流，其水位、水量、流速及含砂量变化均较大，河岸稳定性较差；冬季冰冻较严重，不适合采用地面水取水构筑物。但是，这些河流的冲积层中带有较丰富的地下水，因此可采用渗渠取水。

四、简易给水井

对于居住分散或近期无力修建集中给水设施的村镇，可采取简易分散给水井集取地下水供给生活饮用。

1.灶边井。它是一种集取地表渗透水或浅层地下水的设施。见图4-6。

灶边井一般建在住家的炉灶旁。井深3m左右，井壁用砖砌。井筒上、下小，中间大；砌到离地面0.6m时，安放管径400mm的水泥管一节，承口向下，井底部铺一层碎石或碎砖，厚500mm。井内壁用水泥砂浆粉刷，以防止表面污水渗入。使用前反复将水抽干几次，然后放入漂白粉消毒。灶边井适用于居住分散的平原水网地区使用。

2.砖井。又称土井，在地下水水位不深，土层比较稳固的情况下，适用建造这种井。见图4-7。

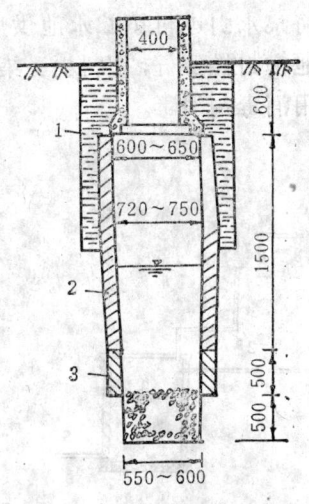
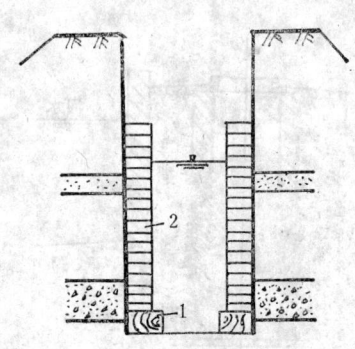

图 4-6 灶边井
1—粘土夯实；2—砂浆砌砖筒；3—干砌砖筒

图 4-7 砖井
1—函板；2—砖或石干砌井筒

砖井的直径一般为1~2m，深度为5~20m，多采用人工开挖的方式。如果井壁由粘土、亚粘土、半粘结的卵石层等稳固的地层构成，成井后可以不必砖砌井壁。否则，必须井下设置函板并干砌砖、石保护井壁。函板由木材或钢筋混凝土制作，干砌高度应超过地下水的多年最高水位。如果井水超过了干砌的高度，可能引起井壁坍塌。水井干砌以后，不便继续加深。因此，施工砖井最好选择旱季进行，井尽可能开挖到比较大的深度，以保证干旱年份用水的需要。

3.压水机井。它也是集取浅层地下水的设施，见图4-8。它由压水机头和井管两部分组成。压水机头由机筒、提水花篮、下阀门等组成。机筒一般直径为14cm左右，长为40cm；提水花篮上、下移动范围在14~18cm为宜。下阀门进水直径一般为3.5~4.5cm，套管直径一般为8~10cm，井管内径一般为3.5~4.5cm。套管长度根据地下水的深浅而定。

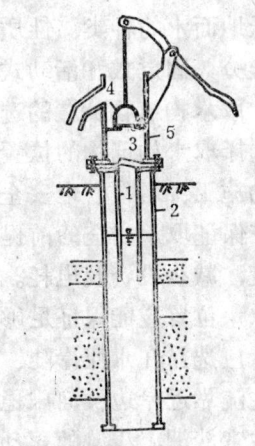

图 4-8 压水机井
1—井管；2—套管；3—下阀门；4—提水花篮；5—机筒

4. 塘边渗井、堤边围砂井。这两种井是一种因地制宜的取水构筑物，见图4-9。

井体全部设在靠近池塘边或河边上，水由井底即井下部四周经砂与卵石或蚝壳过滤渗入井内。水的来源主要是塘水和河水，部分来自浅层地下水。水井大小根据使用人口而定。井深3～4m，卵石井壁一般高为1.5m左右。蚝壳井壁一般高为2m，上部以水泥砂浆砌砖直至高出地面。

5. 山泉引水。我国某些地区山泉丰富、水质良好，作为饮用水一般不需净化处理，常可利用地势条件，依靠重力作用引水入村，既方便又经济。

引泉取水的构造形式，应根据村镇特点而定。对居住分散的山区，可用围建泉室或房前屋后泉水井等方式。对于居住较集中的村镇，可用管道将泉水引进村镇贮水池供居民饮用，见图4-10。泉头应开挖以增加流量，并修建泉池。泉池密封性要好，以防污染物入内。如果水中含有泥砂等杂质时，则要设置砂滤池过滤并用消毒剂消毒。

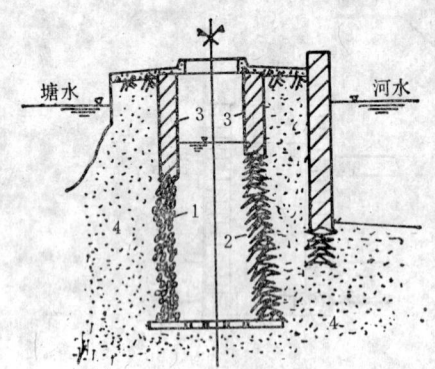

图 4-9 塘边渗井、堤边围砂井
1—卵石；2—蚝壳；3—砖；4—砂

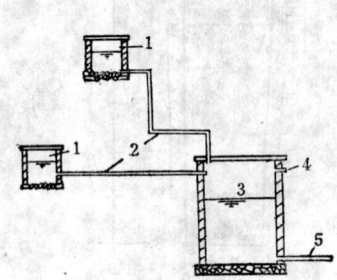

图 4-10 引泉自来水
1—密封泉；2—进水管；3—蓄水池；4—溢流管；5—出水管

第三节 地面水取水构筑物

由于地面水的种类、性质和取水条件的不同，取水构筑物也有多种形式。按其构造情况基本上分为固定式和活动式两类。

一、取水构筑物位置的选择

在选择取水构筑物的位置时，必须综合考虑水文、地形、地质、卫生等条件，以确保构筑物的施工、运行管理安全方便，投资经济合理。

1. 在保证取水安全的前提下，取水构筑物都应尽可能地靠近主要用水地区，以缩短输水管长度，减少投资及电耗。

2. 取水位置应能保证足够水量和较好的水质，且不会被泥砂淤积和堵塞。因此，在弯曲河段，应选择在水深岸陡、泥砂量少的凹岸，顶冲点下游15～20m处。在顺直河段，应选择在主流靠近岸边、河床稳定、断面较窄、水深及流速较大的地段。在有沙洲浅滩的河段，应注意沙洲、浅滩的移动趋势和速度，取水口不应设在可移动的边滩和沙洲下游附近。在有分岔的河段，取水口应选在主流河道的深水地段。

3. 为防止水源受污染，取水口应设在村镇上游或污水排放口上游100～150m处，并避开河流的回流区和死水区。当岸边水质不好时，取水口宜伸入河心取水。

4. 应注意河流上人工构筑物（桥梁、码头、拦河坝）等对河流流动性的影响。取水口应设置在距桥梁1km以外；距码头100m以外；距拦河坝和丁坝200m以外。

5. 水库中的取水口，应选择水库范围以外，靠近大坝，并远离支流汇入口。湖泊取水口应选在靠近湖泊出口的地方，远离支流的汇入口，并应避开藻类集中区域。

6. 北方地区的河流取水口，应避免冰凌的影响，选择不受冰凌直接冲击的河段。附近不应有易被流冰堵塞的浅滩、回流区等。在严重冰冻地区，取水口应选择在急流、冰穴和支流入口的上游河段。

此外，应与河流综合利用相结合，不要影响河流通航，并注意河流整治规划对取水构筑物可能产生的影响。

二、固定式取水构筑物

固定式取水构筑物的形式常用的有岸边式和河床式两种。

1. 岸边式取水构筑物。直接从岸边进水口取水的构筑物称为岸边式构筑物。它由集水井和泵站两部分所组成。当河岸较陡，主流近岸，岸边水深足够，水质及地质条件较好，水位变化幅度不太大时，宜选用这种形式。

这种型式结构简单，易于施工，造价低。集水井前设有格栅，用以拦截粗大漂浮物。集水井与泵房可以合建，也可以分建。合建时取水设备布置紧凑、占地面积小、吸水管路短、管理方便；但土建结构比较复杂，施工较困难，适用于岸边地质条件较好的地方。当岸边地质条件较差，结构处理和施工困难时，宜采取分建式，见图4-11。

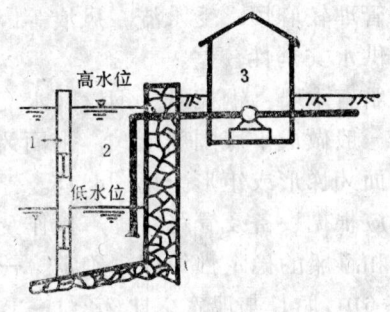

图 4-11 岸边式取水构筑物
1—格栅；2—集水井；3—泵站

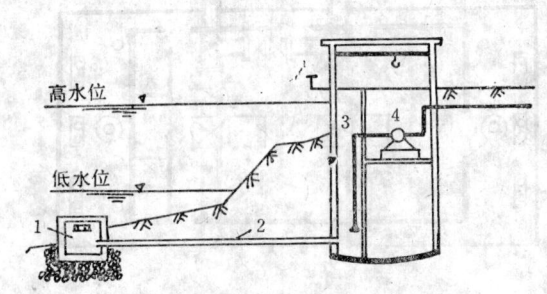

图 4-12 河床式取水构筑物
1—取水头部；2—自流管；3—集水井；4—泵站

2. 河床式取水构筑物。从河心进水口取水的构筑物称为河床式取水构筑物。它由取水头部、自流管、集水井、泵房等部分组成。集水井与泵房同样可以采用合建式或分建式。

当河床稳定，岸边较平坦，主流距岸边较远，岸边水深不足或水质较差，而河心有足够水深和良好水质时，宜选用这种型式，见图4-12。

取水头部的型式较多，常用的有喇叭管、蘑菇形、桩框形、箱式等。

喇叭管的布置分为顺水流向、垂直向上、水平式、垂直向下四种类型，见图4-13。顺水流向多用于泥砂和漂浮物较多的河流。垂直向下多用于岸边式直接用水泵取水的情况。垂直向上式多用于河床较陡，河水较深，冰凌和漂浮物较少，而河床底泥砂又较多的河流。水平式多用于河道纵坡较小的河段。

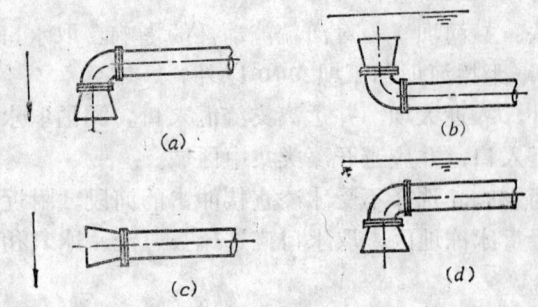
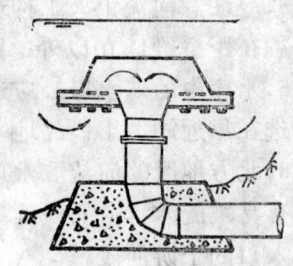

图 4-13 喇叭管式取水头部
(a)顺水流向；(b)垂直向上；(c)水平式；(d)垂直向下

图 4-14 蘑菇形取水头部

蘑菇形取水头部见图4-14。它是一个向上的喇叭管，其上加装一个金属壶。进水自帽曲折流入，故带入的泥砂和悬浮物较少。由于头部较高，故要求在枯水期仍有 2 m以上水深的河流中使用。

三、活动式取水构筑物

当河流水位变化幅度较大（1.0～3.5m或以上）时，为了节省投资，减少水厂工程量，或作为应急措施，可采用活动式取水构筑物。活动式取水构筑物主要有浮船式和缆车式两种。在村镇给水工程中，以采用浮船式较多。它具有投资少、施工期短、调度灵活、能吸取含砂量较少的表面水等优点。缺点是操作管理较麻烦，受水流、风浪等因素影响，供水安全性较差。

浮船有木船、钢板船、钢丝网水泥船三种。一般做成平底围船形式，平面为矩形，断面为梯形或矩形。见图4-15。浮船的尺寸应根据设备及管路布置，操作及检修要求和浮船的稳定性等因素确定。一般船宽5～6m，船长与船宽之比为2:1～3:1，船体深1.2～1.5m。

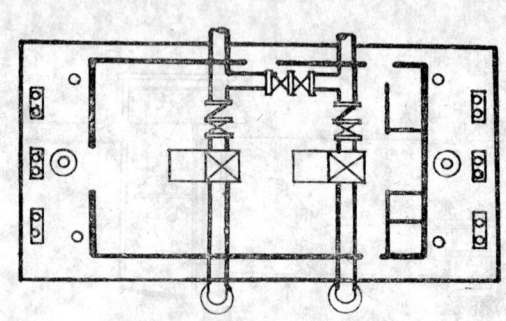

图 4-15 浮船水泵纵向布置

浮船上水泵布置，应特别注意浮船的平衡和稳定，同时考虑便于操作。每只浮船上水泵不宜超过三台。常成纵向单列布置，机组重心应偏于吸水一侧。

浮船与岸上输水斜管的连接应是活动的，以适应船体在水中上下左右摆动。

第五章 净 水 处 理

第一节 给水处理的基本方法及工艺流程

一、原水水质

天然水在形成和存在的过程中，不断地与外界相接触，又与人类生活和生产活动密切联系，使得天然水中含有各种杂质。归纳起来，水中杂质按其尺寸和存在的形态可分为悬浮物质、胶体物质、溶解性物质三大类，见图5-1。

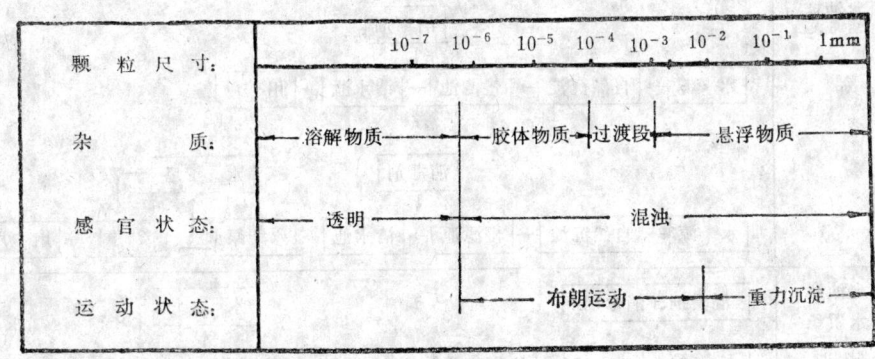

图 5-1 水中杂质

悬浮物质主要由粘土、泥砂、藻类、原生动物、细菌等组成。它们在水中产生浊度、色度和嗅味。由于悬浮物质颗粒较大，在水中能够自然沉淀，在水的净化过程中很容易去除。水中的胶体物质主要是由二氧化硅、氧化铝为主要成分组成的粘土微粒和高分子化合物。粘土是造成水体浑浊的主要原因；高分子化合物主要是蛋白质类化合物或已分解的蛋白质类，如腐植质胶体等，它们能使水产生色度。胶体物质在水中不能自然沉淀，难以从水中分离出来，是净化处理的主要对象。溶解性物质主要是盐类，其次是气体和其他有机物。它们以离子或低分子状态存在水中，天然水中常见的离子有：Ca^{++}、Mg^{++}、Na^+、HCO_3^-、$SO_4^=$、Cl^-等，此外还有少量NH_4^+和铁、锰、铜的化合物。这些物质的存在使水产生硬度、碱度、引起锅炉结垢。水中含盐量过高会产生异味，有些成分即使含量甚少会使人中毒致病。水中的溶解气体主要是二氧化碳和氧气。去除水中的溶解性物质需要经过特殊的处理工艺。

二、给水处理的方法

水质净化的目的是去除水中悬浮物质、胶体物质、细菌及其他有害成分，使净化后的水能满足人们在生活和生产上的需要。

一般来说，当生活饮用水采用地面水时，需要进行混凝、沉淀（或澄清）、过滤、消毒等处理工艺过程。如果采用没有受到污染的地下水源，当水质清澈透明时，只要经过消

水处理工艺流程及适用条件 表 5-1

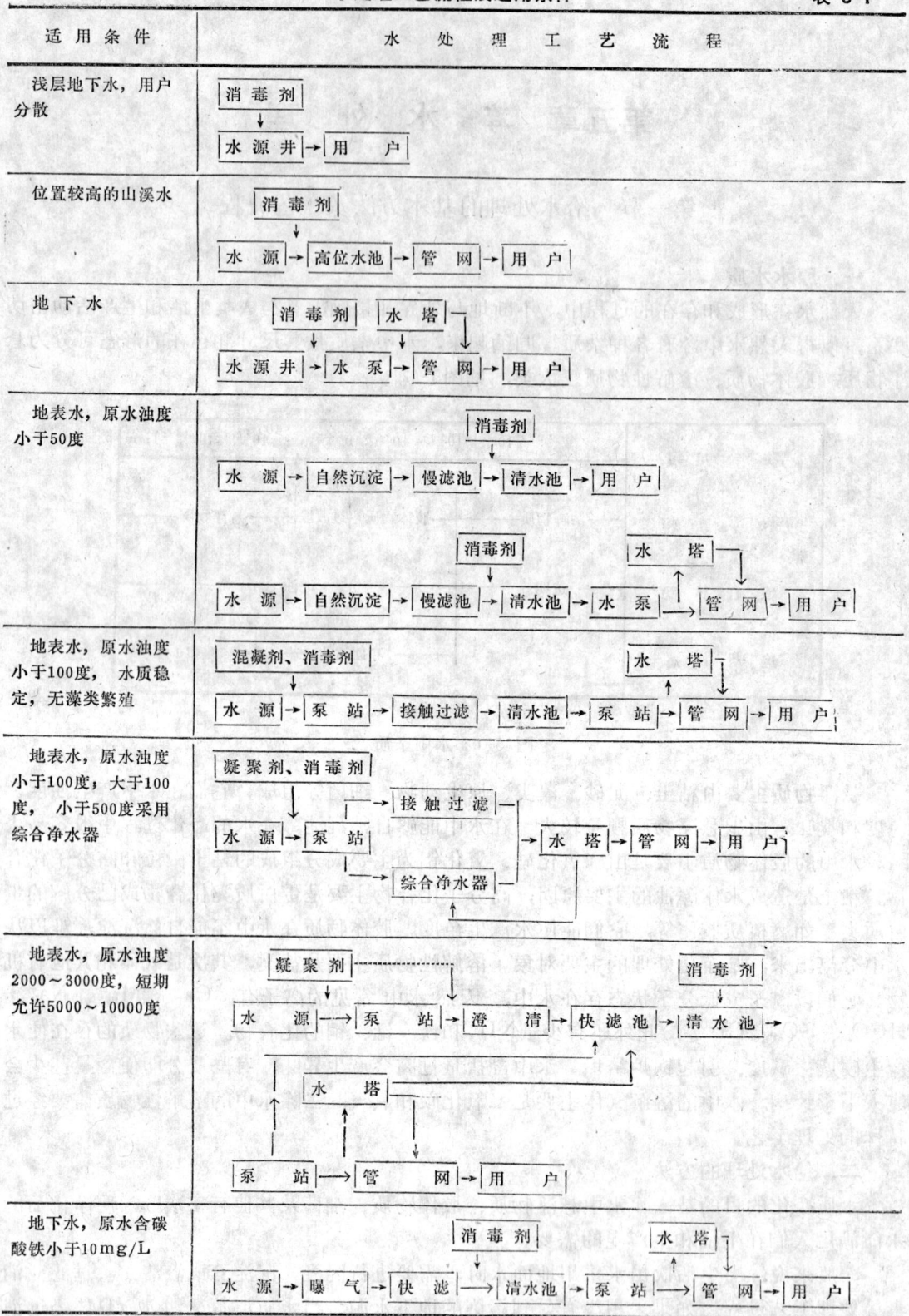

续表

适用条件	水处理工艺流程
地下水，原水含氟大于1 mg/L	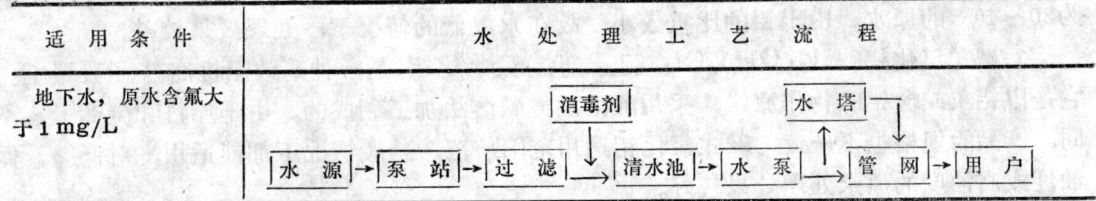

毒，便可符合生活饮用要求；当要求的水质较高时，则需作进一步专门净化处理，如软化、除铁、除锰、淡化以及其它方面的特殊处理。

混凝、沉淀（或澄清）、过滤的主要目的，在于除去水中悬浮物质和胶体物质。由于细小悬浮杂质沉淀的速度太慢，胶体物质则根本不能沉淀，需要在水进入沉淀池前投加凝聚剂，破坏水中杂质的稳定性，迅速凝聚成大颗粒的矾花，在矾花本身重力作用下沉淀；然后再通过滤池，就可以将水中绝大部分杂质除去。但水中的细菌不能同杂质全都除掉，必须用消毒方法将剩余的细菌杀死。常用的消毒方法是在水中投加漂白粉或液氯。

三、给水处理的工艺流程

给水处理的工艺流程，是根据天然水的水质与生活、生产用水水质标准的差异，将上述给水处理方法组成不同的工艺流程，以满足用水水质要求。在村镇常用的水处理工艺流程及其适用条件，见表5-1。

第二节 村镇常用水处理构筑物

一、混凝概述

取一杯浑浊的河水或放一些泥土到一杯清水中，就可以观察到一些粗大的颗粒迅速地下沉，水逐步变清。然而过一定时间后，水不再进一步变清，或变清过程十分缓慢。产生这种现象的原因是，水中的微小颗粒一般都带负电荷，它们之间既相互排斥，又在水中不断地作"布朗运动"，极为稳定，不易下沉。当向水中加入适量的凝聚剂后，经过搅拌混合，产生带正电荷的微粒，渗入水中带负电荷的微粒中起中和作用，而生成具有吸附能力的絮粒（矾花）。絮粒吸附周围的微粒和一部分细菌，使矾花越结越粗大，在重力作用下沉降与水分离，因而使浑水得到澄清。

微粒变成絮粒并由小变大的物理化学反应过程就是混凝过程。它由投药、混合、絮凝几个阶段完成。混凝效果的好坏（即生成的矾花是否结实粗大），对沉淀、过滤等净化效果有极大影响。故应根据原水水质，选用好的凝聚剂和最佳投量，是保证良好混凝效果的关键。

二、凝聚剂和助凝剂

（一）常用凝聚剂

凝聚剂种类很多，在选择时应结合水源的水质特点，因地制宜选用能生成大、重、强的矾花；使处理后的水质对人体健康不产生有害影响；并且价格低廉；货源充足的凝聚剂。

1. 硫酸铝[$Al_2(SO_4)_3 \cdot 18H_2O$]：产品有精制和粗制两种。精制硫酸铝为白色粒状；粗制硫酸铝为灰色粒状，粒径不大于15mm。硫酸铝适用于pH值为6.5～7.5、水温为20～40℃的原水。由于铝的比重较小，故在水温低的情况下，处理效果较差。

2. 碱式氯化铝$[Al_2(OH)_nCl_{6-n}]_m$：也称聚氯化铝，是一种高效无机高分子凝聚剂。它是以铝灰或含铝矿物作原料，采用酸溶法或碱溶法加工制成的。由于原料和生产工艺不同，产品的规格也不一致。碱式氯化铝适用范围广范，一般情况下都能适用，对低温、低浊度或高浊度的原水处理效果较好。

3. 三氯化铁$[FeCl_3·6H_2O]$：是具有金属光泽的黑褐色结晶体。适用于pH值为6.0～8.4、色度较低、含铁量较低、浊度较高的原水。它具有不受温度的影响，易溶解，易混合的优点，同时也有易潮、腐蚀性较强的缺点。

4. 硫酸亚铁$[FeSO_4·7H_2O]$：是废硫酸和废铁屑加工制成的，俗称绿矾。外观呈半透明的绿色晶体。硫酸亚铁的适用条件同三氯化铁，但使用时pH值在8.1～9.6为宜。

在凝聚剂选用时要因地制宜，一般情况下可选用硫酸铝；在低温时可选用铁盐凝聚剂；在货源和质量有保证的条件下，应尽可能地选用碱式氯化铝。

（二）凝聚剂的配制与投加

凝聚剂的配制一般在溶解池与溶液池中进行。配制时先将凝聚剂倒入溶解池中，用机械或水力搅拌使凝聚剂溶解，然后将溶解好的药液放入溶液池，用水稀释成规定的浓度。在村镇小水厂中一般采用溶解缸和溶液缸进行配制。

凝聚剂的配制浓度是指单位体积药液中所含凝聚剂的重量，用百分比表示。如配制浓度为10%即指100L溶液中有10kg凝聚剂。一般水厂配制浓度在5～10%，较小水厂控制在1～2%。

凝聚剂的投加量与原水水质、凝聚剂品种、水温、混合方法等许多因素有关，一般是通过试验和实际观察确定。

凝聚剂的投加方法是根据投药点的不同而决定的，一般分为重力投加与压力投加两种。

重力投加是依靠重力作用把凝聚剂加入原水中的投加方法。当投加点选择在水泵的吸水管或吸水管喇叭口时，称为泵前投加，见图5-2。泵前重力投加是利用水泵叶轮的高速转动使凝聚剂迅速地分散到原水中。这种方法能满足混合工艺要求，节省凝聚剂。但对水泵叶轮有一定的腐蚀作用，尤其是采用铁盐作凝聚剂时。

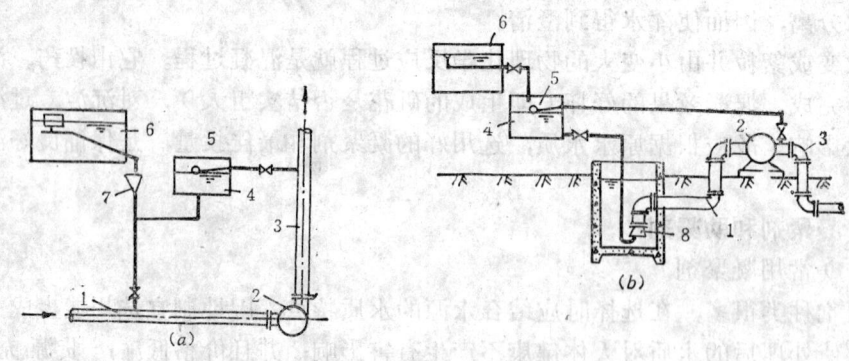

图 5-2 泵前重力投加
(a)吸水管处投加；(b)喇叭口处投加
1—吸水管；2—水泵；3—出水管；4—水封箱；5—浮球阀；6—溶液池；7—漏斗；8—喇叭口

采用泵前重力投加要求投药点到反应设施的距离不大于100m。

当取水泵站距反应池较远时，可采用泵后直接投加，即将凝聚剂直接加注在水泵的出水管上。

压力投加是采用水射器在水泵出水管上用压力投药的方式，见图5-3。

（三）助凝剂

当单独使用凝聚剂不能取得良好的混凝效果时，需投加某些助凝剂来改善和提高混凝效果。目前村镇水厂常用的有：活化水玻璃、生石灰、氯气三种。

活化水玻璃 $[Na_2O \cdot xSiO_2 \cdot yH_2O]$：俗称泡花碱，用于改善矾花结构，增强沉降性能。常在原水浊度低、水温较低情况

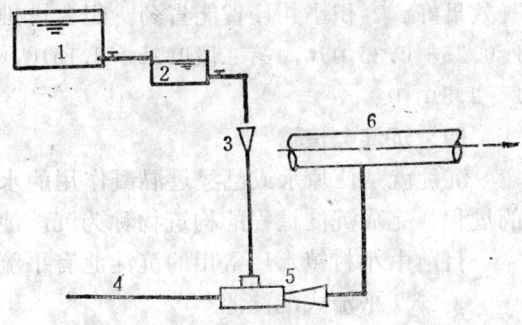

图 5-3 水射器投加
1—溶液池；2—投药箱；3—漏斗；4—高压水管；
5—水射器；6—原水管

下使用。一般与铁盐凝聚剂配合使用时，在铁盐凝聚剂前投加效果较好。

生石灰[CaO]：当原水的pH值低或碱度不足时，为满足混凝的需要，常用生石灰调整原水中的pH值和碱度。

氯气[Cl_2]：当原水污染严重时，为破坏一些有机物对混凝过程的干扰，往往采用加氯气的方法。在以硫酸亚铁为凝聚剂时，可用氯气将亚铁氧化成高价铁，提高混凝效果。

三、混合和絮凝

混合是凝聚剂与原水进行充分混合的过程。混合的作用在于使凝聚剂迅速均匀地扩散在原水中，以创造良好的水解和聚合条件。因此混合应该快速剧烈，整个过程要求在10～30s内完成，最多不超过2min。最简单的混合方法是将药剂投在一级泵站吸水喇叭口处或吸水管中，利用水泵叶轮的高速转动达到快速而剧烈混合的目的。当水泵与水厂相距较远时，可采用管道混合，即将药剂投加在水厂进水管中。

当药剂与原水充分混合后，水中胶体和悬浮物质发生凝聚产生细小矾花。这些细小矾花还需要通过絮凝池进一步形成沉淀性能良好、粗大而密实的矾花，以便在沉淀池中去除。絮凝中必须控制一定的流速，创造适宜的水力条件。在反应池的前部，因水中的颗粒细小，流速要大，以利颗粒碰撞粘结；到了絮凝池的后部，矾花颗粒逐步粘结变大，此时的流速应适当减小，以免矾花破碎。因此，絮凝池内的流速应按由大到小的变速设计。絮凝池的种类较多，常用的有隔板絮凝池、旋流式絮凝池等。考虑到村镇水厂的规模较小，水量变化不大以及对原有絮凝池的挖潜和改造，在村镇水厂中可采用折板絮凝池，见图5-4。

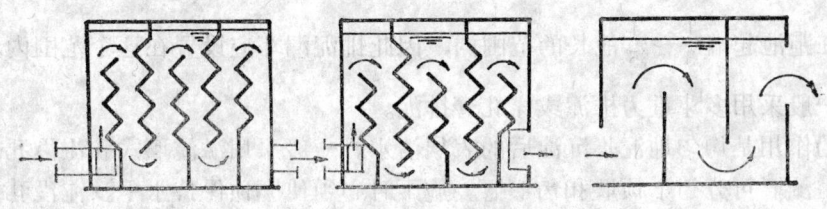

图 5-4 折板絮凝池

折板絮凝池一般分为三段，三段中折板布置可分别采用相对折板、平行折板和平行直板。折板可采用钢丝网水泥或其它无毒材料制作。折板絮凝池的优点是：絮凝时间短、絮凝效果好、容积小并且省能省药。但要设排泥设施，造价较高。运行时的控制流速：第一段0.35~0.25m/s，第二段0.25~0.15m/s，第三段0.15~0.1m/s。每段的停留时间为2~2.5min。

四、沉淀与澄清

沉淀就是使原水或已经过混凝作用的水中固体颗粒依靠重力的作用，从水中分离出来的过程。完成沉淀过程的构筑物称为沉淀池。

目前中小村镇水厂常用的沉淀池有平流式沉淀池和斜板斜管沉淀池两种。

（一）平流式沉淀池

平流式沉淀池是应用较早、比较简单的一种沉淀形式。它是用砖石或钢筋混凝土建造的矩形水池。既可用于自然沉淀，也可用于混凝沉淀。所谓自然沉淀就是原水中不投加凝聚剂，颗粒在沉淀过程中不改变其大小、形状和密度的沉淀，一般用作预沉处理。而混凝沉淀是原水中加入凝聚剂，在沉淀过程中，颗粒由于碰撞吸附的作用而改变其大小、形状和密度的沉淀。平流

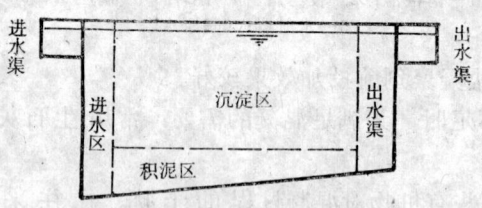

图5-5 平流式沉淀池构造示意

式沉淀池具有构造简单、造价低、操作方便、处理效果稳定、潜力较大的优点；同时也有平面面积大、排泥较困难的缺点。

平流式沉淀池根据其作用分成四个部分，即进水区、沉淀区、积泥区和出水区，见图5-5。

进水区的作用是使水流均匀地分布在整个进水截面上，并尽量减少紊流扰动和偏流、股流的影响，以利于矾花沉淀和防止积泥冲起。通常将絮凝池和沉淀池间的隔墙做成穿孔花墙，洞口形状采用喇叭形。

沉淀区的作用是使杂质与水分离，是沉淀池的主体部分。为了提高沉淀分离效果，将其主要的设计参数作了规定：

池深：一般采用有效水深为3~3.5m，超高0.3~0.5m，池深3.3~4m。

池长L：
$$L = 3.6VT \text{（m）} \tag{5-1}$$

式中　V——池内平均水平流速，一般为10~25mm/s；

T——沉淀时间，一般采用1~3h。

根据经验，池长与池宽之比不得小于4:1，池长与池深之比不小于10:1。

积泥区的作用是存积污泥，以便采用人工或机械设备及时排除。根据生产经验，大部分污泥沉积在距池起端$\frac{1}{3}$~$\frac{1}{5}$池长的范围内，因此排泥漏斗应设置在这个范围内。村镇水厂的沉淀池一般采用多斗重力排泥或穿孔管排泥。

出水区的作用是均匀地汇集沉淀后的表层清水。一般采用溢流堰式和淹没孔口式两种出口形式。溢流堰可分为平顶堰和齿形堰。施工时必须使堰顶保持水平。淹没孔口式的孔口应均匀布置在整个池宽上，孔口一般位于水面下12~15cm处，孔口中心必须在同一水

平线上，以利均匀出水。

（二）斜板斜管沉淀池

斜板斜管沉淀池是在平流式沉淀池基础上发展起来的一种新型沉淀池。它的特点是在沉淀池中装置许多间隔较小的平行倾斜板或倾斜管；具有沉淀效率高，在同样出水条件下比平流沉淀池的容积小，占地面积少的优点。

斜板斜管沉淀池之所以能提高生产能力，主要是增加了沉淀面积和改善了水力条件。根据浅层理论：当流量和颗粒的沉降速度一定，沉淀效率与沉淀面积成正比，与池深和池的容积无关。即沉淀面积越大，沉淀效率越高。在沉淀池中加设了斜板，增加了沉淀面积，同时使颗粒沉降距离大大缩短；另外，使过水断面的水力半径 R 因湿周的增大而减小，从而改善了水力条件，有利于提高沉淀效率。

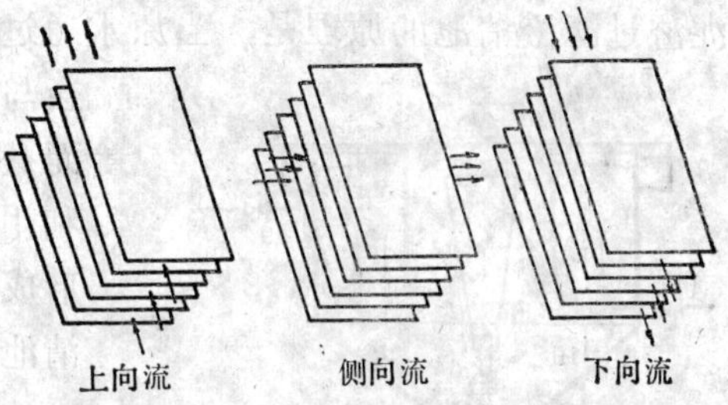

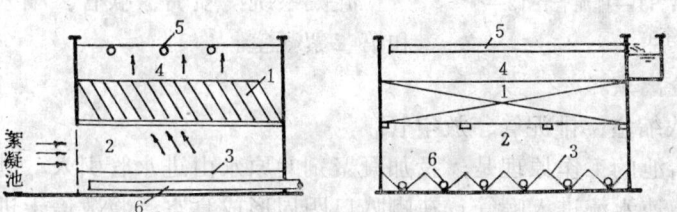

图 5-6 斜管（板）水流方向示意

斜板斜管沉淀池按水流的方向，分为上向流、侧向流、下向流三种，见图5-6。目前大多数水厂主要采用上向流，即水流方向与沉泥方向相反。斜板斜管沉淀池主要由配水整流区、斜管斜板区、集水区、积泥区等部分组成，见图5-7。

图 5-7 斜管（板）沉淀池构造

1—斜管（板）；2—整流区；3—积泥区；4—集水区；5—出水管；6—排泥管

其工作过程：加过凝聚剂的原水，在絮凝池内生成良好的矾花，由整流区均匀地配水整流，进入斜管斜板区下部，泥渣与水在通过斜管斜板时迅速分离，清水从上部经集水区由穿孔集水管送出池外；沉淀在斜管斜板上的杂质依靠重力滑落入积泥区，由穿孔排泥管定期排出。

斜管斜板对材料的要求是：无毒无味、耐水耐久、薄而轻、便于加工。目前使用的有塑料、木材、石棉水泥板、玻璃钢等。定型的斜管管径大都为25～35mm，长度1m，倾斜角通常为60°

中、小规模的斜管斜板沉淀池通常采用穿孔管排泥。穿孔管设在三角槽内，管径一般不小于150mm；孔径20～30mm，孔距0.3～0.6mm，孔眼向下与垂线成45°～60°交叉排列。穿孔管可采用钢管、钢筋混凝土管和铸铁管。

（三）澄清池

澄清池是利用池中积聚的活性泥渣与原水中的杂质颗粒相互接触、吸附，使杂质从水中分离出来，从而达到使水变清的构筑物。

澄清池的特点是：在一个构筑物中完成混合、絮凝、沉淀三个过程。

由于利用活性泥渣加强了混凝过程，加速了固一液分离，提高了澄清效率。但澄清池对水量、水质和水温的变化适应性差。要求管理技术较高。

澄清池的种类和型式较多，基本上可分为泥渣循环型和泥渣过滤型两类。

泥渣循环澄清池的原理是利用机械或水力的作用，使部分活性泥渣循环回流，在回流的过程中，活性泥渣不断地接触、吸附原水中的杂质，使杂质从水中分离出来。其主要池型有机械搅拌澄清池和水力循环澄清池。

泥渣过滤澄清池的原理是，当原水通过处于悬浮状态的污水泥渣层时，水中杂质有机会与泥渣接触、碰撞，并被悬浮泥渣层吸附、过滤而截留下来，使水得到澄清。悬浮状态的泥渣层是利用上升水流速度与泥渣层重力下降速度的平衡，形成悬浮层的。其主要池型有悬浮澄清池和脉冲澄清池。

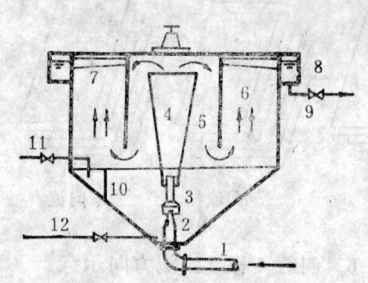

图 5-8 水力循环澄清池
1—进水管；2—喷嘴；3—喉管及喇叭管；4、5—第一、第二絮凝室；6—分离室；7—集水槽；8—出水槽；9—出水管；10—浓缩室；11—排泥管；12—放空管

由于泥渣过滤澄清池在管理上要求高，因此一般村镇中、小水厂较多地采用泥渣循环澄清池。

1.水力循环澄清池。水力循环澄清池的构造，见图5-8。主要由四个部分组成：

进出水系统：进水管、出水槽、出水管。

混凝系统：喷嘴、喉管、喇叭口、第一絮凝室和第二絮凝室。

分离系统：分离室。

排泥系统：浓缩室、排泥管、放空管。

水力循环澄清池的工作原理是，投加凝聚剂的原水由进水管引入，利用进水本身的动能，使喷嘴产生高速水流进入喉管，在喇叭口四周形成真空，将数倍于进水量的活性泥渣吸入喉管，使原水、凝聚剂、活性泥渣在此进行剧烈而均匀地快速混合，然后进入絮凝室。

水流通过第一和第二絮凝室时，由于水流断面的逐渐扩大，使水流速度逐渐降低，在这种流速的作用下，增加了颗粒间的接触碰撞；又因利用了活性泥渣具有较大的吸附能力，在絮凝室中迅速形成较大的矾花颗粒，有效地完成了混凝过程。

当水流进入分离室后，由于流速突然降低，造成泥、水分离的有利条件，清水通过分离室上的清水区进入出水槽，从出水管中流出。泥渣由于重力作用而下沉，一部分通过浓缩室被排泥管排出，以保持池内泥渣的平衡；大部分泥渣进行循环回流，重复利用。

水力循环澄清池有体积小、效率高等优点。同时还具有构造简单，无机械、真空、虹吸等一套较复杂的设备；能充分利用进水本身的动能，节省能耗；有较大的适应性，处理浊度范围较广；可连续工作，也允许间隙运转，施工、运转管理较方便等特点。它适用于与无阀滤池配套使用。

水力循环澄清池适用于村镇中、小水厂。国家有标准图集S771，单池产水量为40～320m³/h。进水悬浮物含量一般要求小于2000mg/L。

2.机械搅拌澄清池。机械搅拌澄清池的结构，主要由进水管、配水槽、絮凝室、分离区、集水区、污泥浓缩室、搅拌设备等组成,见图5-9。

机械搅拌澄清池的工作原理:原水由进水管引入,经环状三角形配水槽均匀地从锥体内壁流至第一絮凝室。在搅拌叶轮的带动下,水体不断旋转,使原水、凝絮剂和回流的大量活性泥渣充分混合进行初步凝聚,生成细小矾花;再由提升叶轮将水送入第二絮凝室(提升水量一般为进水量的3～5倍),水流仍继续旋转,水中杂质被活性泥渣吸附,生成大颗粒矾花。当水体进入分离室后,由于面积突然扩大,流速急骤降低,形成泥、水分离的有利条件,清水上升经集水槽出水管流出,泥渣

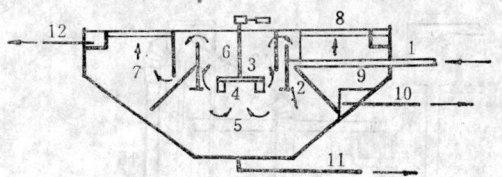

图 5-9 机械搅拌澄清池
1—进水管;2—配水三角槽;3—提升叶轮;4—搅拌叶轮;5、6—第一、第二絮凝室;7—分离区;8—集水槽;9—污泥浓缩室;10—排泥管;11—放空管;12—出水管

在重力作用下,沿伞形罩外壁下沉。由于叶轮的抽吸作用,大量泥渣回流至第一絮凝室,又和新进入的原水和凝聚剂混合;多余一部分泥渣进入浓缩室,经浓缩后由排泥管定期排出。

机械搅拌澄清池对水量、水质变化的适应性较强,处理效果较稳定,一般适用于进水浊度在5000mg/L以下,短时间内允许达到5000～10000mg/L。但需要机械搅拌设备,维修麻烦。机械搅拌澄清池国家有标准图集S717～S744,单池出水量为20～430m³/h。

五、过滤

经过混凝沉淀或澄清后,原水中颗粒较大而易于下沉的杂质已被截留于沉淀池或澄清池中。但仍有细小杂质及细菌留在水中,还需要进一步用过滤的方法进行处理。水的过滤处理是让原水通过具有孔隙的粒状滤料层,利用滤料与杂质间吸附、筛滤、沉淀等作用,截留水中的细微杂质,使水得到澄清。

滤料层能截留杂质使水变清的主要原因是:

1.机械筛滤作用。滤料层一般由砂粒组成,砂粒之间的孔隙能截留比孔隙尺寸大的杂质,当孔隙因截留杂质变小后,较小的杂质也随着被截留下来。

2.接触凝聚作用。经沉淀或澄清处理后的水,在通过滤层与砂粒接触时,由于分子引力的作用,水中细微杂质被表面积较大的砂粒所吸附,使水澄清。

另外,在慢滤池中还具有筛滤作用。慢滤池在经过一段时间使用后,滤料表面形成滤膜,滤膜中微生物分泌一种起凝聚作用的酶,它能使细小杂质吸附在砂粒上。滤膜中微生物还起着直接吞噬细菌净化水质的作用。

滤池按滤速的大小可分为快滤池和慢滤池两种。快滤池又分普通快滤池、无阀滤池、虹吸滤池等,目前村镇小水厂最常用的是无阀滤池。这种滤池不设闸阀,而是利用虹吸原理进行自动过滤和冲洗的,因而管理较为方便。无阀滤池按其工作条件可分为重力式无阀滤池和压力式无阀滤池。

(一)重力式无阀滤池

1.重力式无阀滤池的构造与工作原理。重力式无阀滤池的构造见图5-10所示。平面形状常为方形,大多以双格作为一个组合单元。

过滤过程:经沉淀或澄清后的水通过进水分配槽1、进水管2流入池内。经配水挡板

3均匀分配到滤料层上部。然后，自上而下过滤，经过滤层4、承托层5、配水系统6，流水集水区7，再由连通管8上升到冲洗水箱9。当水箱水位高出喇叭口10后，清水则通过出水管11引至清水池。

自动冲洗过程：随着过滤的进行，滤层不断截留水中杂质，使滤层的阻力逐渐增加，因而虹吸上升管12中的水位逐渐升高。当虹吸上升管水位上升到虹吸辅助管13的管口，水便从管口流下，利用急速下落水流的挟气能力，通过抽气管14不断将虹吸下降管15的空气带走，从而使虹吸管的真空值逐渐增大，形成虹吸。当虹吸管形成虹吸后，滤层上部水流压力急骤下降，冲洗水箱中的水经连通管进入池底集水区，并自下而上通过配水系统、承托层和滤料层，对滤料进行冲洗。冲洗后的水通过虹吸管排入水封井16，流入下水道17。随着冲洗的进行，冲洗水箱水位不断下降，直到露出虹吸破坏管18的管口时，

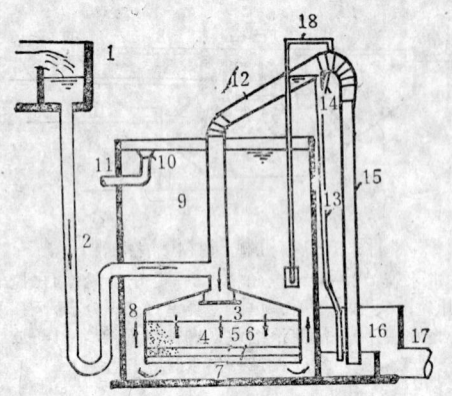

图 5-10 重力式无阀滤池
1—进水配水槽；2—进水管；3—配水挡板；4—过滤层；5—承托层；6—配水系统；7—集水区；8—连通管；9—冲洗水箱；10—喇叭口；11—出水管；12—虹吸上升管；13—虹吸辅助管；14—抽气管；15—虹吸下降管；16—水封井；17—排水管；18—虹吸破坏管

空气经虹吸破坏管进入虹吸管，从而破坏虹吸，冲洗停止，过滤过程重新进行。

2.滤料与承托层。过滤的作用主要通过滤料使水变清，因此滤料的质量对滤池正常工作关系极大。对滤料的基本要求是：要有足够的机械强度，能抵抗在过滤、冲洗过程中造成的摩损与破碎；要有较高的化学稳定性，滤料溶于水后不能产生有害有毒成分；要有适当的颗粒级配。滤料的粒径表示颗粒的大小即粗细范围，颗粒的级配是指滤料颗粒的大小及在此范围内不同颗粒粒径所占的比例。

滤料颗粒粒径、级配要恰当，滤料过细、过粗或粗、细不均匀都会影响滤池的正常工作。滤料级配的控制参数是：最小粒径、最大粒径和不均匀系数K_{80}。

$$K_{80} = \frac{d_{80}}{d_{10}} \quad (5\text{-}2)$$

式中　d_{80}——筛分时通过80%滤料重量时的筛孔大小，反映了粗颗粒滤料尺寸；

d_{10}——筛分时通过10%滤料重量时的筛孔大小，反映了细颗粒滤料尺寸。

K_{80}越大，表示粗细颗粒的尺寸相差越大，滤料越不均匀；K_{80}越小，则滤料越均匀。

对各种滤料的颗粒粒径、级配、滤层厚度的要求，见表5-2。

设置在滤料层和配水系统之间的砾石层称为承托层。它的作用一方面能均匀集水，并防止滤料进入配水系统；另一方面在反冲洗时能均匀布水。承托层的材料一般采用天然卵石或碎石，颗粒最小尺寸2mm，最大尺寸32mm，自上而下分层敷设。

3.配水系统。它的作用在于使冲洗水均匀分布在整个滤池平面上。通常采用大阻力配水系统和小阻力配水系统两种形式。带有干管（渠）和穿孔支管的"丰"字形配水系统，称为大阻力配水系统；小阻力配水系统不采用穿孔管，而是底部有较大的配水空间，其上铺设阻力较小的格栅、滤板、滤头等。

滤料规格与滤层厚度　　　　　表5-2

过滤形式	滤料		规格			滤层厚度 (mm)
			最大粒径 (mm)	最小粒径 (mm)	K_{80}	
沉淀过滤	单层	石英砂	1.2	0.5	<2.0	700
	双层滤料	无烟煤	1.8	0.8	<2.0	300~400
		石英砂	1.2	0.5	<2.0	400
直接过滤	双层滤料	无烟煤	1.8	1.2	1.3	400~600
		石英砂	1.0	0.5	1.5	400~600

大阻力配水系统配水均匀,结构复杂,需要较大的冲洗水头,一般适用于单池面积较小的滤池。小阻力配水系统构造简单,所需的冲洗水头较低,但配水均匀性较差,一般用于无阀滤池和虹吸滤池。

村镇中、小水厂使用的重力式无阀滤池,一般采用国家标准图集S775,其单池产水量为40~400m³/h。

（二）压力式无阀滤池

压力式无阀滤池是在压力作用下进行工作的一种无阀滤池。其流程简单,当原水浊度小于150mg/L时,可进行一次性净化。压力式无阀滤池通常和水塔建在一起,过滤水贮存于水塔中,靠水塔的压力供给用户,滤池的冲洗水也贮存于水塔中。特别适用于小型、分散、天然水质较好的村镇自来水工程。

压力式无阀滤池的工程过程参见图5-11。原水采用泵前加药2后,直接由水泵1自上而下进入压力滤池10。过滤后的清水借助水泵压力经集水系统压入水塔内冲洗水箱4,冲洗水箱贮满后,溢流入调节水箱3从出水管11流出配送给用户。

在过滤过程中,因不断截留杂质,使滤层的过滤阻力增加,为了克服不断增加的阻力,水泵的扬程也逐渐提高,此时虹吸上升管5中的水位随之增高,当水位上升到虹吸辅助管7的管口时,就和重力式无阀滤池原理一样,使滤池开始冲洗。

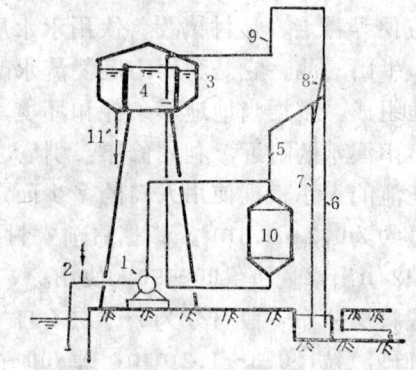

图5-11 压力式无阀滤池示意
1—水泵；2—加药；3—水塔；4—冲洗水箱；5—虹吸上升管；6—虹吸下降管；7—虹吸辅助管；8—抽气管；9—虹吸破坏管；10—滤池；11—水塔出水管（至用户）

冲洗时水泵利用自动装置自行关闭,停止进水。当冲洗水箱中水位下降到虹吸破坏管9管口时,空气进入虹吸管,虹吸作用破坏,反冲洗自动结束。随后水泵自动开启,过滤重新开始。

压力式无阀滤池可采用国家标准图集S755。其产水能力为10~45m³/h。

（三）普通快滤池

普通快滤池的构造见图5-12所示。

过滤过程：经沉淀或澄清后的水由进水总管1、进水支管2、浑水渠6进入池内。经排水槽13由上而下通过滤层7、承托层8由配水支管9收集，再经配水干管10、清水支管3、清水总管12流出池外。

冲洗过程：关闭进水支管和清水支管上的阀门，开启冲洗支管4阀门和排泥阀5。冲洗水便从冲洗总管11、冲洗支管4进入滤池底部，通过配水干管和配水支管上均匀分布的孔眼在整个滤池平面上流出，自下而上穿过承托层和滤料层，对滤料进行冲洗。冲洗后废水进入排水槽通过排泥阀5、废水渠道14排入下水道。冲洗一直进行到滤料基本洗净为止。

普通快滤池的配水系统采用的是大阻力配水系统。设计普通快滤池可采用国家标准图集S725～S729。其产水能力为40～240m³/h。

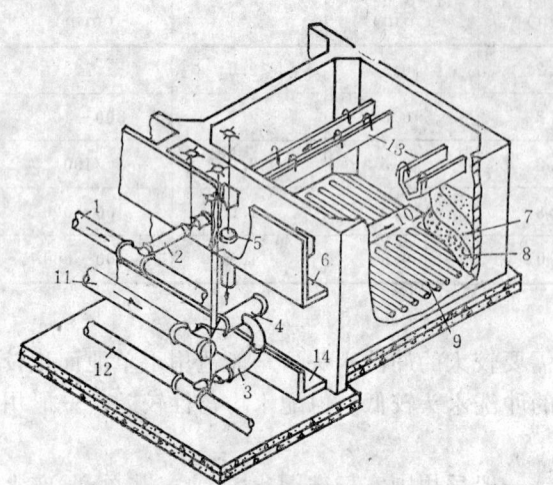

图 5-12 普通快滤池构造透视

1—进水总管；2—进水支管；3—清水支管；4—冲洗支管；5—排泥阀；6—浑水渠；7—滤层；8—承托层；9—配水支管；10—配水干管；11—冲洗总管；12—清水总管；13—排水槽；14—废水渠道

（四）村镇简易滤池

对于经济条件较差的村镇，可以因地制宜地采用多种形式的简易滤池来改善饮用水水质。简易滤池均属慢滤池类，虽然存在出水率低、洗砂工作繁重等缺点；但它具有去除水中细菌的能力强、出水水质好的优点。而且，还有构造简单、易于施工、投资省、管理方便等特点。是村镇改善饮用水水质的有效过渡措施。

1.半山滤池。它是利用山区溪流水改善山区农民饮用水的简易设施。它是由滤池和高位水池组成。根据当地地形条件和环境，滤池和高位水池既可合建也可分建。一般将滤池建在有山溪水的附近，利用修渠、引管、筑坝等措施将水引入池内。

滤池的大小根据使用人口的多少而定。对慢滤池而言，一般每m²滤池面积每小时的出水量约为0.2～0.3m³。根据目前农村用水情况，每人每天大约为80L左右，故每m²滤池面积24h出水量可供60～90人使用。

滤料层分布一般可分为2～3层（自上而下）：

细砂：粒径0.3～1.2mm；厚800～1000mm。

粗砂：粒径1.2～2.0mm；厚150～200mm。

承托层分布一般自上而下：采用粒径为2～8mm，厚150～200mm；粒径8～32mm，厚150～200mm的天然卵石。

滤池的深度一般采用2～3m，滤层及承托层有效深度为1.25～1.6m。

滤池的出水引入高位水池。水池的容积考虑到村镇用水时间比较集中的特点，要求存水量较多，一般按每天用水量的40～50%计算。

图5-13是一座半山滤池实例。水源为山涧水，水质较好。坝高2.1m，滤池面积15m²，产水量为4.5m³/h，供700人使用。其特点利用天然地形筑坝建池，让山涧水自然流入池内。滤料层上铺碎石与石子，一是防止滤料在暴雨时流失；二是阻拦较大固体杂质进

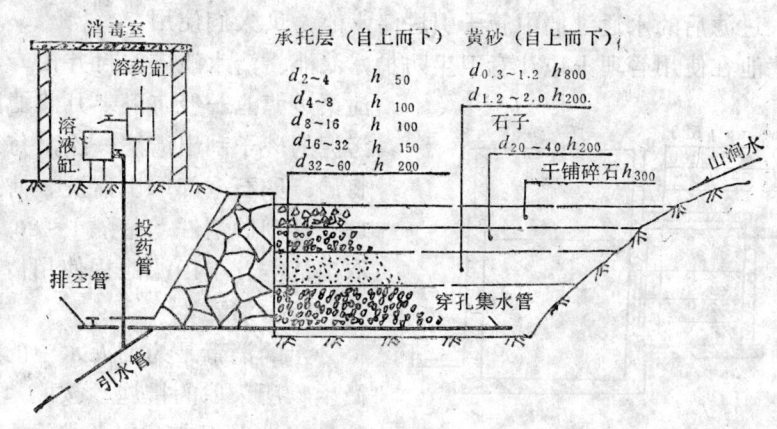

图 5-13 山涧水过滤实例

入滤料层。滤层下采用穿孔管收集过滤水,最后,经消毒送往高位水池。

半山滤池适用于植被条件较好的山区溪流水。其构造简单,管理方便。如果地形利用得当可省去动力设备,并具有一定蓄水能力。

2.塘边滤池。一般由滤池和清水池组成,常建立在塘边。按进水方向的不同分为直滤式、横滤式、直滤加横滤式三种。直滤式为滤层上部进水,下部出水;横滤式为滤层一侧进水,另一侧出水;直滤加横滤式为横滤起初滤作用,直滤起过滤作用。

滤池的面积与滤层、承托层的要求可参照半山滤池。滤池表面要求有0.5～1.5m的水深。池体应高于地面,以防地表水流入。

图5-14是一座塘边滤池实例。水源为池塘水,原水浊度50°左右。滤池面积2.83m²,产水量为1m³/h,供390人使用。其工艺流程是,用50mm的进水管,将塘水引入滤池;池中用一块穿孔板拦水,起消能和均匀布水的作用;采用直滤式过滤,池底用50mm的穿孔集水管将过滤后的水引入清水井,再用水泵送往水塔。

塘边滤池适用于水位变化不大,浊度较低的池塘、水库;可作为中、小村庄取水用。

3.河渠边滤池。河渠边滤池分为两种

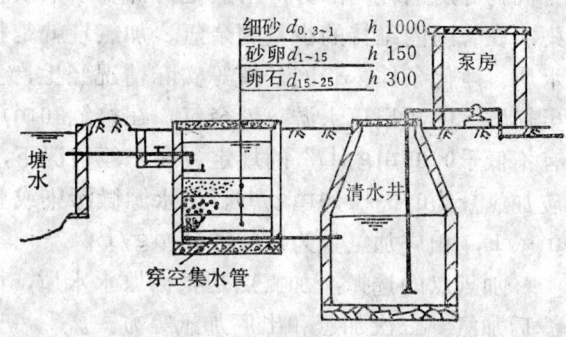

图 5-14 塘边滤池实例

形式,一种是河网地区,尤其在南方,通常将滤池建在河边,其结构形式与塘边滤池相仿;另一种是距河流较远的缺水地区,采用渠道引入河水,通常将滤池建立在渠边。无论哪种形式,其工艺流程都视河水的浊度而定。如果是浊度较高的水源,必须进行预沉淀,再进入滤池过滤。

河渠边滤池的过滤原理、滤料、滤层厚度均与半山滤池、塘边滤池相似。取水的地点应遵照地面水取水的选择要求确定。

图5-15是一座河渠滤池实例。水源为河、渠水,蓄水沉淀池容积1260m³,滤池面积

4.35m², 供500人使用。其工艺流程是，用渠道将河流水引入蓄水沉淀池，通过自然沉淀后再流入滤池。过滤后的水通过墙中管子引进清水池，供人们使用。

以上三种滤池在使用管理上应注意卫生防护，滤池、清水池应密封并由专人管理。对河渠边滤池一般每隔半月将滤池表面带有污泥的砂子刮出清洗一次，每隔3～5个月将砂、卵石全部取出清洗。塘边滤池每隔1～2月刮砂清洗，每隔1～2a将滤料全部取出清洗。半山滤池视使用情况而定。

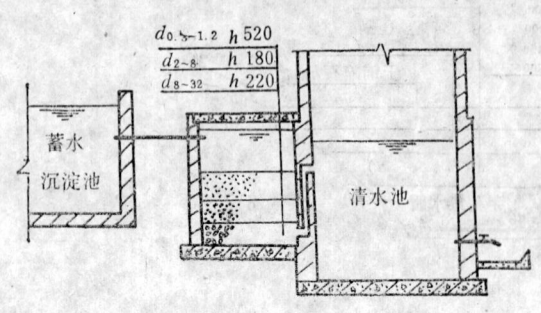

图 5-15 河渠边滤池实例

六、消毒

水的消毒是为消灭水中的病菌及有害微生物所采取的措施。按照"生活饮用水卫生标准"规定：集中式给水，除应根据需要进行必要的净化处理外，不论其水源是地面水或地下水，均要有消毒设施。消毒方法很多，但对村镇的中、小水厂一般采用液氯、漂白粉消毒方法。其设备简单，货源充足，价格低廉。

（一）氯消毒法

在常温常压下，氯是一种有强烈刺激性的黄绿色气体。当温度低于-33.6℃时，或在常温下将氯加压到6～8个大气压时，就成为深黄色的液体，俗称液氯。

氯消毒原理：当氯气Cl_2加入水中后，即和水作用生成盐酸HCl和次氯酸$HOCl$。由于次氯酸是中性分子，可以很快地扩散到细菌表面，并穿过细菌的细菌胞膜进入细菌内部，通过氧化作用破坏细菌的起新陈代谢催化作用的酶系统，从而达到杀菌消毒的目的。

加氯量的确定：加氯量可分为两部分，需氯量和余氯。需氯量是为了杀灭细菌，氧化有机物等所消耗的部分；余氯是为抑制水中残存细菌的再度繁殖，防止输水管网中水再污染，在管网内维持的少量剩余氯。加氯量就是根据上述两部分的需要，按各水厂的水源、水质、净化条件、管网长短等实际情况经生产实践来确定；同时必须遵守《生活饮用水卫生标准》中"出厂水游离性余氯，在接触30min后，应不低于0.3mg/L，管网末梢应具有不低于0.05mg/L"的规定。在一般情况下，出厂水余氯控制量为0.3～0.6mg/L，相应加氯量为0.5～1.0mg/L。当水源微污染或管网较长时，出厂的余氯控制量为0.5～0.8mg/L，相应加氯量为1.0～2.0mg/L。

加氯点的选择：加氯点是根据原水水质，净水设备进行选择的，一般分为滤前加氯、滤后加氯、二次加氯和出厂加氯等方式。

滤前加氯是将加氯点选在沉淀池前或水泵吸水井内，与凝聚剂同时投加。适宜水中有机物较多、色度较高、有藻类滋生的水源。滤前加氯既可以杀菌，又可增加混凝的效果，防止净水构筑物中滋生青苔；同时还可以延长氯的接触时间，但加氯量较大。滤后加氯是将加氯点选在过滤之后，清水池之前的管道上，适宜一般水质的水源。由于水中大量杂质已被去除，加氯的作用只是杀灭残存细菌和微生物，因而加氯量较少。二次加氯是将投氯点分别放在滤前和滤后。滤前投加的作用是杀菌，提高混凝效果；滤后投加的作用是保证出厂水中的剩余氯。出厂加氯是将投氯点选在清水池之后，二级泵站之前。适宜净化水在清水池停留时间过长，不能保证出厂水中余氯量的情况。

加氯设备：主要是氯瓶和加氯机。氯瓶一般是卧式钢瓶，其容量有350、500、1000 kg等规格。

加氯机是将氯瓶流出的氯气先配制成氯溶液，然后用水射器加入水中。其型号有：ZJ_2型转子加氯机，加氯量为2～10kg/h；ZS_{80-3}型转子真空加氯机，加氯量为0.3～3 kg/h；JSL_{73}小型加氯机，加氯量为0.1～1.0kg/h；SDX_{-1}型随动式加氯机，Ⅰ型加氯量为0.08～0.5kg/h，Ⅱ型为0.5～1.5kg/h。村镇水厂可根据需要进行选用。

（二）漂白粉消毒

漂白粉是一种白色粉末状物质。它是用氯气和石灰制成的，主要成分是$CaCl_2$。漂白粉消毒和氯气消毒原理是相同的，主要也是加入水后产生次氯酸杀灭细菌。

溶液的配制：利用两个缸，一个为溶药缸，另一个是投药缸。先将一定量的漂白粉加少量水，在溶药缸中用棒搅拌成无块糊状，然后边加水边搅拌配制成10～15%浓度的溶液。即一包50kg漂白粉需用400～500L水来配制。在漂白粉溶解完毕后，将其放入投药缸再用水配制成1～2%的浓度。配制好的溶液须澄清后投入投加点。

由于氯气容易逸出和腐蚀性较强，因此溶药和投药缸必须加盖，所有设备和管材都应采用耐腐蚀的材料。

对村庄分散供水井，可向水中投加漂白粉溶液，每天1～2次，半小时后测定余氯含量，当余氯含量为0.05～0.1mg/L即可使用。也可以将漂白粉装入带有小孔的毛竹筒或带有小孔的无毒塑料袋中，用绳子吊沉入水中0.5m左右，使漂白粉慢慢溶于水中，产生的次氯酸可以通过小孔不断向水中扩散。消毒效果可维持半个月左右。

七、综合处理设备

综合处理设备也称净水器和一元化净水构筑物，是将混凝、澄清、过滤三道净水工艺有机地组合在一个构筑物内。如果再配以加凝聚剂、消毒设备和进、出水泵，即可成为一座小型净水厂，特别适宜村级水厂使用。

净水器的型式、种类较多，在选择时应主要考虑以下几点。

1. 适用范围广、出水水质好。在不同原水条件下，能保证水质各项指标达到国家规定的生活饮用水标准。

2. 工作稳定可靠，不会出现水质、水量经常变化的现象。

3. 操作简单，管理方便，运行可靠，投药量少，体积小，价格低。

现将几种净水器的特点和适用条件介绍如下，供选用时参考。

ZJS系列组合式净水器：是由机械反应—斜管沉淀—重力过滤组合一体。适用于进水浊度在1000度以下的原水。其型号ZJS_{-10}～ZJS_{-50}，净水能力为10～50 m³/h。

B_2系列高效净水器：采用梯形斜板沉淀器和波形絮凝板等净水新工艺。适用于浊度低于1000度的原水。净水能力为10～50 m³/h。

JS系列Ⅱ型净水器：分重力式和压力式两种。适用于浊度低于500度的原水。其型号JS-Ⅱ-100，净水能力为100 m³/h。

BS系列快速净水器：采用抑板絮凝—斜板沉淀—过滤组合一体。适用于浊度低于1000度原水。净水能力为10～40 m³/h。

第三节 水厂的厂址选择及布置

水厂是村镇的主要公共设施，是以改善饮用水卫生条件，保障人民身体健康为建设目的的。因而，应根据当地村镇水源的特点，合理地选择净水工艺和厂址，设计布置净水构筑物。

一、水厂厂址的选择

厂址选择应根据整个给水系统的合理性、安全性、地形以及村镇的总体规划，综合分析比较确定。一般应考虑以下几个原则。

1. 就近取水，就近供水。一般水厂设在取水构筑物附近，如果取水点距用水区较远时，则尽量接近主要用水区。

2. 厂址应选择在工程地质条件较好的地方，一般选在地下水位较深，承载力较大，湿陷性等级不高，岩石较少的地层，以达到降低工程造价和施工方便的目的。

3. 厂址应选择在不受洪水威胁的地方，否则应考虑防洪措施。在利用地形时，要尽可能为处理构筑物排放污泥和冲洗水创造有利条件。

4. 厂址应充分考虑周围卫生条件和《生活饮用水卫生标准》中规定的卫生防护要求。

5. 厂址应少占农田或不占良田，并留有适当的发展余地。

6. 厂址应选择在交通方便、靠近电源的地方，以利于施工管理和降低输电费用。

二、水厂布置

水厂布置包括平面布置与纵向布置。

平面布置主要内容有：各种净水构筑物和建筑物的定位；生产管线走向、选定节点和阀门布置；排水管道和检查井布置；各种管道交叉位置；供电线路和道路走向；以及绿化、围墙等。

进行水厂平面布置时，应考虑下述各点：

1. 力求布置紧凑，以减少占地面积和连接管的长度，便于操作管理。各构筑物之间应留出必要的施工间距和管（渠）位置。

2. 充分利用地形，减少填、挖土方量和施工费用。

3. 各构筑物之间连接管应简、短、直，尽量避免立体交叉，同时考虑施工、检修的方便。

4. 沉淀池或澄清池的排泥和滤池的冲洗水，应力求重力排除。

5. 建筑物布置应注意朝向和风向。如加氯间和氯库应尽量设置在水厂主导风向的下风处；泵房和其它建筑物尽量布置成南北向。

水厂的纵向布置内容有：各构筑物的设计高程；生产管线埋深、阀门井及排水检查井的高程；管道交叉、道路及场地平整高程等。

要确定各净水构筑物的高程，必须先确定流程中的各项水头损失。在净水工艺流程中，各构筑物之间水流应为重力流，两构筑物之间的水面高程即为流程中的水头损失。它包括构筑物本身、连接管道、计量设备等水头损失在内。当各项水头损失确定以后，便可进行高程布置。高程布置应尽量利用地形坡度，既要避免清水池埋设过深，又应避免混合絮凝池、沉淀池或澄清池在地面上架空。

三、村镇水厂实例

（一）水力循环澄清池与无阀滤池配套处理方式

某厂，水源为河水，原水pH值7.3～7.9，悬浮物含量小于2000mg/L，工艺中采用的处理构筑物有：水力循环澄清池按国家标准图集S771（四）设计，重力式无阀滤池按国标S775（四）设计，清水池两座，单池容量为200m³，水塔容量100m³，见图5-16。

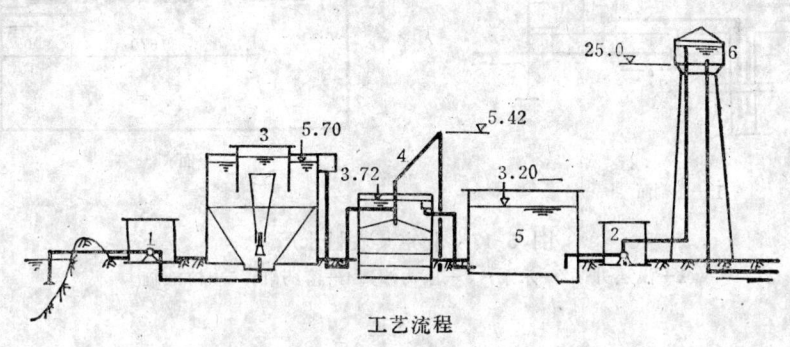

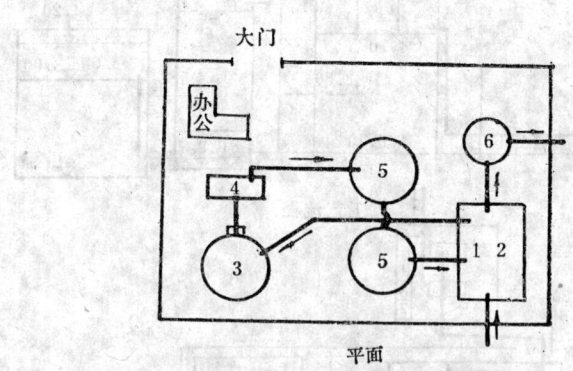

图 5-16 上海某镇水厂示意

1、2——一、二级泵站；3—水力循环澄清池；4—无阀滤池；5—清水池；6—水塔

水厂产水能力为100m³/h，供2500人和部分乡办企业的生活、生产用水，其构造简单，净水效果好。此工艺适用地面水为水源的大村镇。

（二）压力罐直接供水方式

某水厂，见图5-17。水源为浅层地下水，水质较好。采用两台2BA-6A离心泵，一台为备用泵，在水泵的吸水管底阀处投放漂白粉消毒。再由水泵将水送入压力罐。供水人数1000人，产水能力50m³/d。此工艺适用于地下水埋深较浅，水质较好的村镇。

（三）絮凝、沉淀和过滤处理方式

某水厂，见图5-18。水源为河流水，工艺中采用的处理构筑物有：旋流絮凝池6座，总有效容积7.5m³，絮凝时间18min；斜管沉淀池的清水区有效面积2.04m²，沉淀时间4.13min；无顶盖重力式无阀滤池的过滤面积2m²，冲洗水箱容积9m³，水厂产水能力25m³/h。供4000人的集镇生活、生产用水。其水厂布置较为紧凑，卫生防护条件较好。

典型的工艺流程，水厂布置可参见国家给水排水通用图集86SS901《农村给水工程》。

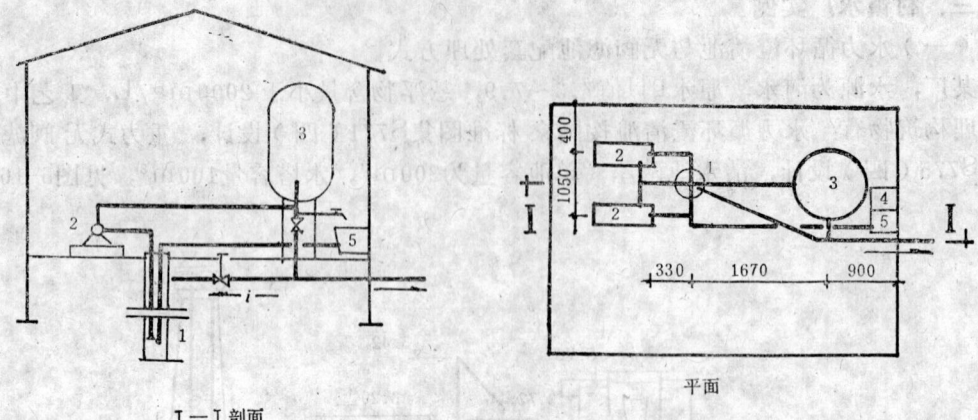

图 5-17 北京某农村水厂
1—浅层井；2—水泵；3—压力罐；4—溶药缸；5—溶液缸

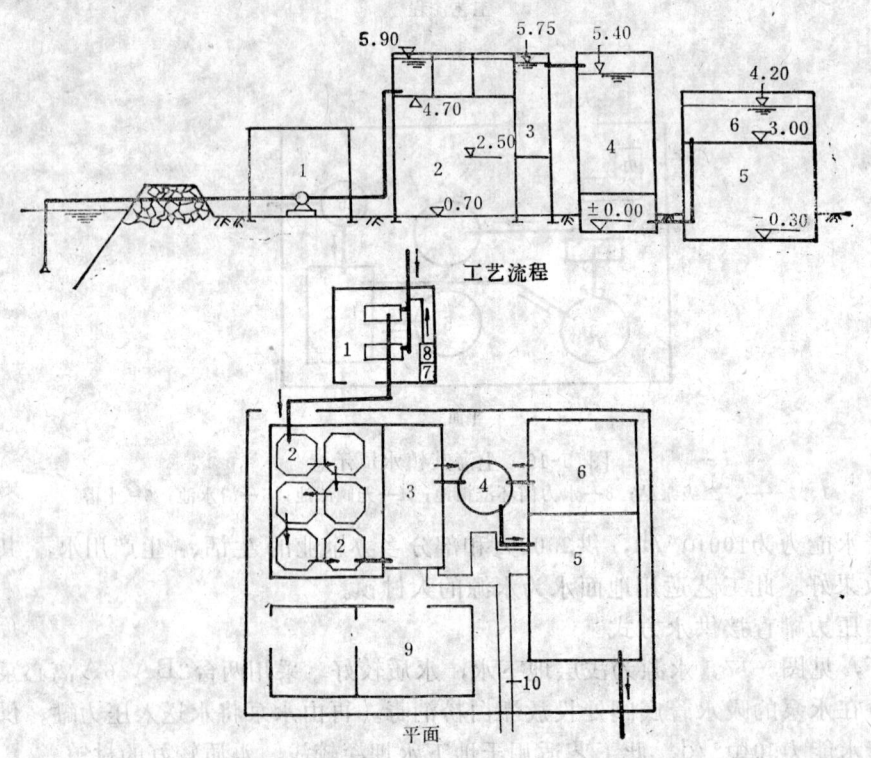

图 5-18 广东某镇水厂
1—泵站；2—旋流絮凝池；3—斜管沉淀池；4—重力式无阀滤池；5—清水池；6—冲洗水箱；7—溶药池；8—溶液池；9—备用二级泵站；10—排水沟

第六章 给 水 管 网

第一节 输水管及配水管网的布置

给水管网由输水管和配水管网所组成。它的作用是将水从水源或水厂输送到用户，并能够在水量和水压方面满足用户要求。

一、给水管网的布置要求与形式

给水管网布置的基本要求是：管网必须分布整个给水区内，保证用户有足够的水量和水压；供水必须安全可靠，当局部管线发生故障时，断水范围应最小；管线的布置应力求距离最短，以降低管网造价和经营费用；按照村镇建设规划，考虑分期建设的可能，留有充分的发展余地。

给水管网的布置形式常采用树枝状管网和环状管网两种。

树枝状管网：管网呈树枝状向供水区延伸见图6-1。这种管网的管线短，管径随供水方向逐渐减小，其结构简单，投资较省。是村镇供水广泛采用的布置形式。缺点是供水安全性差，一旦干管发生事故，其下游管段就会中断供水。

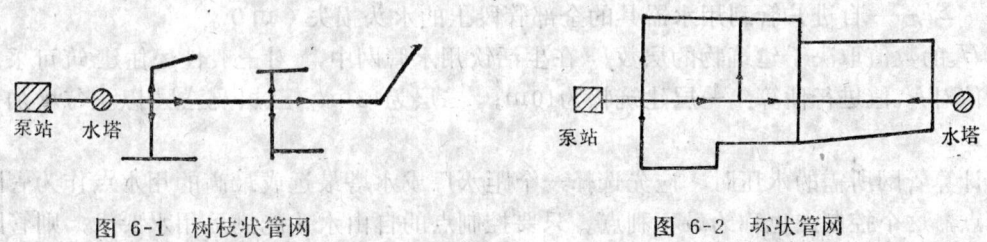

图 6-1 树枝状管网　　　　　　　图 6-2 环状管网

环状管网：管网布置呈闭合环状，见图6-2。在环状管网中，每条配水管都可以由干管的两个方向来水，因此供水安全性高。一般在较大的集镇和供水安全性要求较高的地区采用。环状管网的缺点是管线较长，投资较大。

在实际工作中，常将树枝状管网和环状管网结合起来进行布置。根据具体情况，在集镇主要供水区采用环状管网，边远地区采用树枝状管网。或者近期采用树枝状管网，将来再逐步发展成为环状管网，这样比较经济合理。

二、输配水管网布置的基本原则

管网的输水管是指从水源到水厂或水厂到配水区域的主管道，一般沿线不接用户，主要起输送水的作用。配水管网是指从输水管接出，分配到各用水区域及各用水点的管道。其中，担负沿线供水区域输水作用并且直径较大的配水管称为干管；配水给各用户的小口径管道称为支管。

输水管布置的基本原则：力求线路最短，土石方工程最小，施工方便。管线一般在现有的道路下埋设，尽量避免穿越河谷、铁路，避开容易滑坡和可能被洪水淹没的地区。较长的输水管，应在管线的最高处安装放气阀，在最低处安装泄水阀，以保证管道的畅通和检修的方便。当采用两条输水管时，必须有连通管相互联系，连通管直径可与输水管直径相同或小20～30%。

配水管网布置的基本原则：干管布置的主要方向应按供水主流方向延伸，而供水的主流方向则取决于最大用水户和调节构筑物的位置。干管应以最短距离到达用水量最大的用户，或从两侧用水量较大的街区通过。干管一般按规划道路定线，尽量避免从高级路面和重要道路下面穿过。在给水区的每条道路上应尽量布置支管，便于将水输送给用户。

第二节　给水管网的工作情况

一、管网的自由水头

为了保证一座建筑物的最高用水点有足够的水量和压力，要求管网在该建筑物的进户管处具有一定的自由水头。自由水头是指配水管中的压力高出地面的水头。这个水头必须能克服管道和用水器具的水流阻力，保证在一定安装高度上的用水器具有适当的放水压力。

$$H_c = H + h + \Sigma h \tag{6-1}$$

式中　H_c——管网的自由水头（m）；

　　　H——建筑物中最高用水点在地面以上的高度（m）；

　　　h——保证用水器具出水流量所需的水头（m），一般为1.5～3.0m；

　　　Σh——自进户管到用水器具的全部管段上的水头损失（m）。

H_c的数值取决于建筑物的层数。在生活饮用水管网中，对一般性居住建筑可采用经验数值对H_c值进行估算：一层建筑物为10m；二层为12m；三层及三层以上每增加一层加4m。

计算管网所需的水压时，应先选择一个距水厂或水塔最远或最高的用水点作为管网的控制点，这个控制点也称为最不利点。只要控制点的自由水头能满足用水要求，则管网中所有用水点的自由水头均能满足要求。

二、管网中有水塔时的工作情况

在村镇给水系统中，为了保证用户对水量和水压的要求，常常设置水塔作为调节二级泵站供水与用户需水量的关系。水塔在管网中的位置不同，管网的工作情况也有所不同。由于村镇的供水范围一般不大，故可以分为网前水塔和网后水塔两种情况，即水塔位置分别设置在配水管网前和配水管网后。修建水塔的地点一般应选择在地形较高处，以减少水塔的造价。

（一）网前水塔的管网工作情况

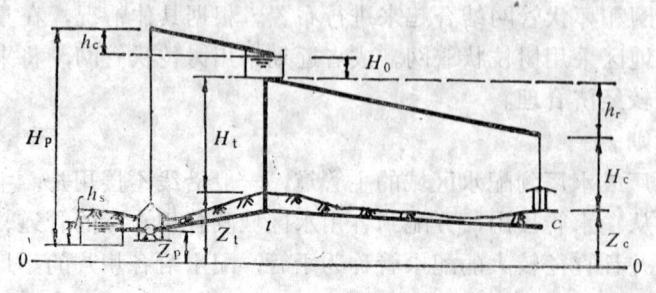

图 6-3　网前水塔水压图

网前水塔的管网工作情况

是，二级泵站供水到水塔，再经管网将水送到用户，见图6-3。图中表示二级泵站、水塔和用户之间的水压关系。

水塔高度计算：水塔高度是指水塔水柜底距地面的高度。水柜底的高度，应满足用户在最大用水量时，能保证管网内控制点所要求的自由水头值。设水塔水柜底面应具备的高度为 H_t，即

$$H_t = H_c + h_n - (Z_t - Z_c) \tag{6-2}$$

式中　H_t——水塔水柜底面距地面高度（m）；
　　　H_c——管网内控制点的自由水头（m）；
　　　h_n——配水管网的水头损失（m）；
　　　Z_t——水塔处的地面高程（m）；
　　　Z_c——控制点c的地面高程（m）。

图6-3同时提供了二级泵站与水塔间输水管的水压线。二级泵站所需的扬程应按管网最高日最高时供水量的条件来计算，即

$$H_p = (Z_t - Z_p) + H_t + H_0 + h_o + h_s \tag{6-3}$$

式中　H_p——二级泵站所需的扬程（m）；
　　　Z_t——水塔处的地面高程（m）；
　　　Z_p——水泵机轴安装高度（m）；
　　　H_t——水塔水柜底面距地面高度（m）；
　　　H_0——水塔水柜的有效水深（m）；
　　　h_o——输水管中水头损失（m）；
　　　h_s——吸水管中水头损失（m）。

（二）网后水塔的管网工作情况

当村镇地形离二级泵站越远越升高时，水塔应放在管网末端，形成网后水塔的管网系统，见图6-4。在最高用水量时，泵站和水塔同时向管网供水，两者有各自的供水区。在供水区分界线上的c点地形较高，而水压最低，可将其作为管网的控制点。

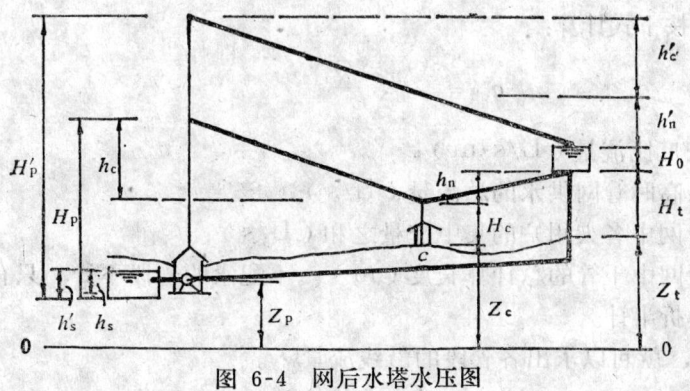

图 6-4　网后水塔水压图

可以设想把网后水塔的管网系统分成两部分：一部分是从泵站到分界线上c点，在这部分范围内可看作无水塔管网，二级泵站的扬程为：

$$H_p = (Z_c - Z_p) + H_c + h_c + h_s \tag{6-4}$$

式中符号意义同前。

另一部分是从水塔到分界线上 c 点，这部分类似于网前水塔，所以水塔的高度可按公式（6-2）来确定。

当二级泵站供水量大于用户用水量时，多余的水则通过整个管网流入水塔贮存。流入水塔的这部分多余流量称为转输流量。最大一小时流入水塔的流量称为最大转输流量。在最大转输时，管网的控制点就是水塔，此时二级泵站的扬程为

$$H'_p = (Z_t - Z_p) + H_t + H_0 + h'_n + h'_c + h'_s \qquad (6-5)$$

式中　H'_p——最大转输时，二级泵站所需的扬程（m）；

$h'_n、h'_c、h'_s$——分别是最大转输时，配水管网、输水管、水泵吸水管中水头损失（m）；

其余符号意义同前。

第三节　给水管网的水力计算

当给水管网布置方案确定以后，就可以进行管网的水力计算。水力计算的任务是：在最高日最高时用水量的条件下，确定各管段的设计流量和管径；并进行水头损失计算；根据控制点所需的自由水头和管网的水头损失确定二级泵站的扬程和水塔高度，以满足用户对水量和水压的要求。

要确定管段的设计流量，必须先求出管段的沿线流量和节点流量。

一、沿线流量、节点流量和管段设计流量

（一）沿线流量

有些村镇管网比较简单，各段管线内的流量比较明确，因而可以根据流量直接确定各管线的管径。但有些村镇在给水管网的干管或配水管上，承接了许多用户，沿途配水的情况比较复杂。一般分为两种情况：一种是企业、机关、学校、公共建筑等大用户的用水从管网中某一点集中供给，称为集中流量。另一种是用水量比较小，数量多而分散的居民用水，称为沿线流量。通常在计算时采用比流量法对沿线流量进行简化。所谓比流量法就是假定居住区的沿线流量是均匀地分布在整个管段上，则单位长度管段上的配水流量称为比流量。比流量可按下式计算：

$$q_{cb} = \frac{Q - \Sigma Q_i}{\Sigma L} \qquad (6-6)$$

式中　q_{cb}——长度比流量（L/s·m）；

Q——最高时管网供水的总流量（L/s）；

ΣQ_i——管网中各大用户的集中流量之和（L/s）；

ΣL——管网中干管的总计算长度（m）。不配水的管段不计，只有一侧配水的管段折半计。

有了比流量，就可以求出各管段的沿线流量 Q_y。

$$Q_y = q_{cb} L \quad (L/s) \qquad (6-7)$$

式中　L——某管段的计算长度（m）。

（二）节点流量和管段设计流量

管段中的沿线流量求出后，还不易确定管段的管径和计算水头损失。因为管段中的沿

线流量还是变化着的。管段中的沿线流量是沿着水流方向逐渐减少的,见图6-5(a)。为了便于计算,还必须进行简化。其方法是将某一段的沿线流量简化为该管段起端和末端流出的两个节点流量。见图6-5(b),管线 AB 段上的沿线流量,可简化成从 AB 两点各集中流出1/2的沿线流量。这种简化后得到的集中流量称为节点流量,用 q_n 表示,即

$$q_n = \frac{1}{2} Q_y \quad (L/s) \tag{6-8}$$

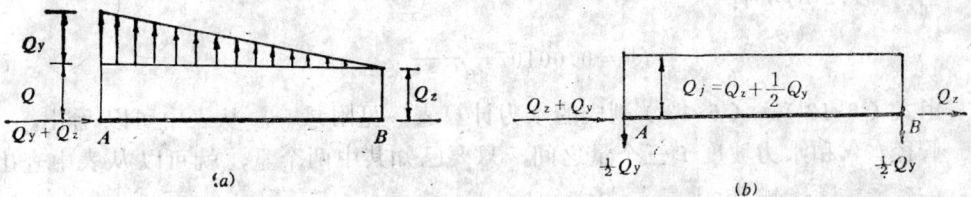

图 6-5 沿线流量简化图
(a)、(b)为两种节点流量分配方式

在管网中,任一节点 n 的节点流量等于该节点相连各管段沿线流量总和的一半。即

$$q_n = \frac{1}{2} \Sigma Q_y \quad (L/s) \tag{6-9}$$

求得各节点流量后,管网计算图上便只有集中于节点的流量(包括原有的集中流量也加在附近的节点上)。因而管段的设计流量 Q_j 为

$$Q_j = Q_z + \frac{1}{2} \Sigma Q_y \quad (L/s) \tag{6-10}$$

式中 Q_z——管段转输流量(L/s)。

转输流量在管段中是不变的,是通过该管段输送到下一管段的流量。

确定了管段的设计流量后,就可以进行管段的管径计算。根据公式(1-9),流量和过水断面的关系为

$$Q = VA$$

对于圆管 $A = \frac{\pi d^2}{4}$,代入上式,得

$$d = \sqrt{\frac{4Q}{\pi V}} \tag{6-11}$$

由式(6-11)得知,管径不仅与流量有关,而且与所采用的流速有关。在一定流量下,流速愈小,则管径愈大,管网造价愈高;但水头损失小,经营费用低。反之,流速愈大,管径小、造价低;但能量损失大,经营费用高。因而流速的选择应综合考虑管道的建造费和年经营费。在建造费与经营费两者之和的总费用为最低时的流速,称为经济流速。

管道的经济流速可按以下范围控制:

$DN = 100 \sim 350$mm时,$V = 0.6 \sim 1.1$m/s;
$DN = 350 \sim 600$mm时,$V = 1.1 \sim 1.6$m/s。

(三)水头损失计算

如第一章第三节所述,水头损失包括沿程水头损失和局部水头损失两部分。在室外给水管网中,由于管道线路较长,而且管道配件和附件较少,所以局部水头损失在水头损失

中所占比重很小，因此在进行管网水头损失计算时，一般只计算沿程水头损失，局部水头损失可忽略不计。

根据式（1-20）、（1-21）确定的沿程阻力系数 λ 值，代入式（1-22）得

当 $V < 1.2 \text{m/s}$ 时：

$$i = 0.000912 \frac{V^2}{d^{1.3}} \left(1 + \frac{0.867}{V}\right)^{0.3} \qquad (6-12)$$

当 $V \geqslant 1.2 \text{m/s}$ 时：

$$i = 0.00107 \frac{V^2}{d^{1.3}} \qquad (6-13)$$

由式（6-12）、（6-13）制成的水力计算表，见附录一。从表中可以看出，在流速 V、管径 DN 和水力坡度 i 三个量之间，只要已知其中两个量，就可以从表中查出第三个量。

在实际工作中，为了提高计算效率，管道的水力计算均采用查表进行。在确定管段管径 DN 时，一般是根据已知的管段设计流量 Q，参考经济流速 V 的控制范围，再通过查表确定管段管径和水力坡度 i，最后根据该管段的长度进一步计算出管段的水头损失 h_w。

【例题 6-1】 已知某管段的设计流量 $Q = 36.4 \text{L/s}$，管材为铸铁管，试确定该管段的管径 DN，并计算200m管长时的水头损失 h_w。

【解】 查铸铁管水力计算表（附录一），当设计流量 $Q = 36.4 \text{L/s}$，选用管径 $DN = 250 \text{mm}$。根据表中的数据：当 $Q = 36 \text{L/s}$ 时，$V = 0.74 \text{m/s}$，$1000i = 3.83$；当 $Q = 36.5 \text{L/s}$ 时，$V = 0.75 \text{m/s}$，$1000i = 3.93$。采用内插法：当 $Q = 36.4 \text{L/s}$ 时

$$V = 0.74 + (0.75 - 0.74) \times \frac{4}{5} = 0.74 + 0.008 = 0.748 \text{m/s}$$

$$1000i = 3.83 + (3.93 - 3.83) \times \frac{4}{5} = 3.83 + 0.08 = 3.91$$

当管段长度200m时，水头损失 h_w 为

$$h_w = iL = \frac{3.91}{1000} \times 200 = 0.782 \text{mH}_2\text{O}$$

（四）树枝状管网的水力计算

主要计算步骤：

1. 将规划平面图上确定的干管走向、水塔位置等，绘制在计算草图上。然后在干管上选定节点（有集中流量流出的位置或管道的分支处定为节点）并对节点编号。
2. 将大用户的集中流量分配到附近的节点上，并计算沿线有配水的干管总计算长度。
3. 计算比流量、沿线流量和节点流量。
4. 从距二级泵站最远或最高的节点（即管网的控制点）起，利用连续方程 $\Sigma Q = 0$ 的关系逐个节点地向二级泵站反推计算，求出每条管段的设计流量。也可以从二级泵站顺推到控制点。
5. 根据设计流量、经济流速查水力计算表选定管径，查出水力坡度。由管段长度与水力坡度求出管段的水头损失。
6. 由地形高程和控制点所需的自由水头，求出水塔高度和二级水泵扬程。

【例题 6-2】 某集镇树枝状管网平面布置如图6-6。最高日最高时用水量为 41.2L/

s,各大用水户的集中流量为16.6L/s。节点4为控制点,要求20m的自由水头。该系统设网前水塔,管材采用给水铸铁管,试确定:

1. 各管段的管径DN;
2. 水塔的高度H_t和二级泵站的扬程H_p。

【解】 1. 求沿线流量和节点流量。由规划图得知,管段0-1两侧不配水,管段3-7、4-6、1-9为单侧配水,其余管段为两侧配水。则干管总计算长度ΣL:

$$\Sigma L = L_{1-2} + L_{2-3} + L_{3-4} + L_{4-5} + L_{2-8} + \frac{1}{2}L_{3-7} + \frac{1}{2}L_{4-6} + \frac{1}{2}L_{1-9}$$

$$= 230 + 180 + 200 + 220 + 110 + \frac{1}{2}(220 + 100 + 200) = 1200 \text{m}$$

由式(6-6)得干管的比流量q_{cb}为

$$q_{cb} = \frac{Q - \Sigma Q_i}{\Sigma L} = \frac{41.2 - 16.6}{1200} = 0.0205 \text{L/sm}$$

通过式(6-7)$Q_y = q_{cb} L$,求得各管段的沿线流量见表6-1所列。

各管段沿线流量计算 表6-1

管段编号	管段长度 (m)	管段计算长度 (m)	比流量 (L/sm)	沿线流量 (L/s)
0—1	120	0	0.0205	0
1—2	230	230	0.0205	4.71
2—3	180	180	0.0205	3.69
3—4	200	200	0.0205	4.1
4—5	220	220	0.0205	4.51
2—8	110	110	0.0205	2.26
3—7	220	$\frac{1}{2} \times 220 = 110$	0.0205	2.26
4—6	100	$\frac{1}{2} \times 100 = 50$	0.0205	1.02
1—9	200	$\frac{1}{2} \times 200 = 100$	0.0205	2.05
合计		1200		24.6

通过式(6-9)$q_n = \frac{1}{2} \Sigma Q_y$,求得各节点的节点流量见表6-2所列。

各管段节点流量计算 表6-2

节点编号	连接管段编号	各连接管段的沿线流量 (L/s)	集中流量 (L/s)	节点流量 (L/s)
1	0—1, 1—2, 1—9	0 + 2.36 + 1.02 = 3.38	2.6	5.98
2	1—2, 2—3, 2—9	2.36 + 1.84 + 1.13 = 5.33	1.6	6.93
3	2—3, 3—4, 3—7	1.84 + 2.05 + 1.13 = 5.02	—	5.02
4	3—4, 4—5, 4—6	2.05 + 2.26 + 0.51 = 4.82	1.7	6.52
5	4—5	2.26	2.4	4.66
6	4—6	0.51	2.1	2.61
7	3—7	1.13	2.0	3.13
8	2—8	1.13	1.9	3.03
9	1—9	1.02	2.3	3.32
合计		24.6	16.6	41.2

2. 求各管段的设计流量、管径和水头损失。以距二级泵站最远的节点5为管网的终点，并以网前水塔0到节点5的管线为主干线。按节点流量连续方程$\Sigma Q=0$，从节点5向二级泵站反推，求各管段的设计流量。例如，管段2-3的设计流量$q_{2-3}=q_{3-7}+q_{3-4}+q_3=3.13+13.79+5.02=21.94 L/s$等。然后根据设计流量和经济流速的控制范围，查水力计算表（附录一）确定管段的管径和计算各管段的水头损失，计算结果列入表6-3。

管线水力计算　　　　表6-3

管段编号		管长(m)	流量(L/s)	管径(mm)	流速(m/s)	1000i	水头损失(mH_2O)
主干线	4-5	220	4.66	100	0.606	8.83	1.94
	3-4	200	13.79	150	0.792	8.47	1.69
	2-3	180	21.94	200	0.708	4.71	0.85
	1-2	230	31.90	250	0.658	3.07	0.71
	0-1	120	41.2	250	0.844	4.91	0.59
	泵站-0	60	41.2	250	0.844	4.91	0.29
干线	1-9	200	3.32	75	0.774	20.1	4.02
	2-8	110	3.03	75	0.703	17.0	1.87
	3-7	220	3.13	75	0.726	18.0	3.96
	4-6	100	2.61	75	0.603	12.9	1.29

3. 求各节点的水压高程和自由水头。由于节点5距水塔较远，而且需要的自由水头较高，故选为控制点。节点5的地面高程为123.5m，所需自由水头为20m，因此节点4的水压高程为：

$$H_4=123.5+20=143.5m$$

其他各节点的水压高程可以从节点4的水压高程进行推算。例如，节点4的水压高程等于节点5的水压高程加上管段4-5的水头损失，即

$$H_4=143.5+1.94=145.44m$$

节点4的地面高程122.5m，所以节点4的自由水头为

$$H'_4=145.44-122.5=22.94m$$

再如，节点6的水压高程等于节点4的水压高程减去管段4-6的水头损失，即

$$H_6=145.44-1.29=144.15m$$

节点6的地面高程为123m，所以节点6的自由水头为

$$H'_6=144.15-123=21.15m$$

按照上述方法求出各节点的水压高程和自由水头列入表6-4。

将以上全部计算成果标注在计算草图上，见图6-6。

4. 求水塔高度H_t和二级水泵扬程H_p

根据式（6-2）计算水塔高度H_t为

$$H_t=H_c+h_n-(Z_t-Z_c)=20+(1.94+1.69+0.85+0.71+0.59)-(124.5-123.5)$$
$$=26.78m，取27m$$

根据式（6-3）计算二级泵站扬程H_p为

$$H_p=(Z_t-Z_p)+H_t+H_0+h_c+h_s$$

各节点水压高程和自由水头 表6-4

节点编号	地面高程(m)	水压高程(m)	自由水头(m)
5	123.5	143.5	20
4	122.5	145.44	22.94
3	123.0	147.13	24.3
2	123.5	147.98	24.48
1	122.5	148.69	26.19
6	123	144.15	21.15
7	122	143.17	21.17
8	123.5	145.11	21.61
9	123.5	144.67	21.17

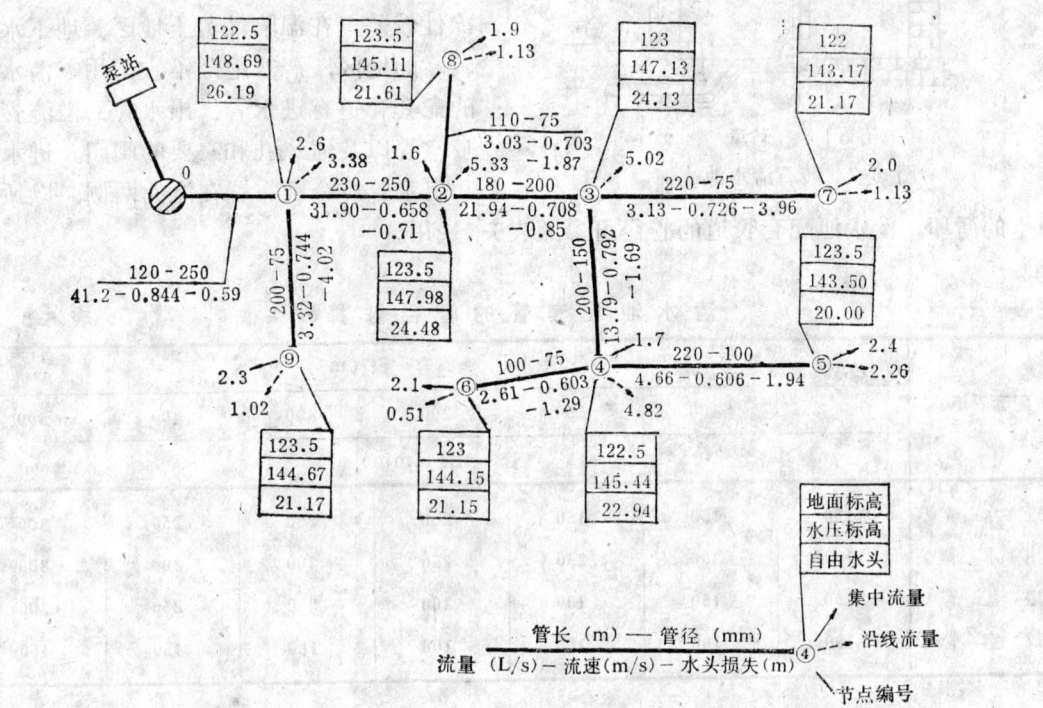

图 6-6 某集镇树枝状管网计算草图

设水塔水柜有效高度 $H_0=3.0$m，水泵机轴安装高度 $Z_p=115$m，水泵吸水管水头损失 $h_s=1.5$m。

$$H_p = (124.5-115) + 27 + 3.0 + 0.59 + 1.5 = 41.59 \text{mH}_2\text{O}$$

第四节 调节构筑物

在整个给水系统的工作中，会出现水量变化的三种情况：一是一级泵站的均匀输水，以保证净水构筑物24h连续运行的需要；二是二级泵站的分级输水，以适应外部用户用水量变化的要求；三是用户用水量经常不断变化的情况。在某一时间内，它们相互之间在水量上是不平衡的。一级泵站的均匀输水不能适应二级泵站的分级输水；二级泵站的输水不能完全满足用户的用水量变化，由此产生了水量供求关系上的矛盾。为解决这些矛盾，在工程实践中，常采用清水池、水塔、高位水箱等调节水量、水压的构筑物来解决。

一、清水池

清水池主要作用是：调节一级泵站均匀输水和二级泵站分级供水时流量不平衡的矛盾。

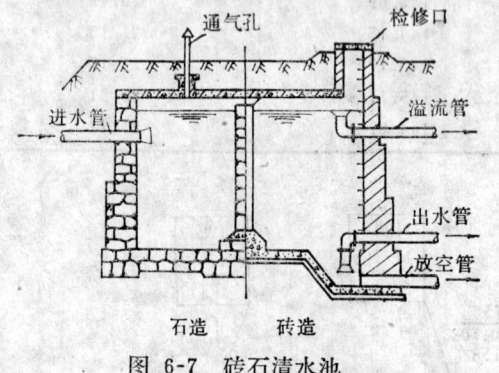

图 6-7 砖石清水池

清水池有圆形和矩形。常用钢筋混凝土和砖石等材料建造。在村镇广泛采用砖石水池，见图6-7。砖石水池造价低，能节省钢材、水泥。但水池的抗拉、抗渗、抗冻性较差。在湿陷性黄土地区、地下水位较高的地区，严寒地区不宜采用。清水池的配套管道有进水管、出水管、溢流管、放空管以及通风孔和必要的阀门。进水管和出水管应分别布置在池的两侧，以便池中水的循环。清水池配套管道的管径可参照表6-5选用。

清水池配套管的管径选择　　　　表6-5

配套管道	清水池容积（m³）						
	50	100	150	200	300	400	500
	管径（mm）						
进 水 管	100	150	150	200	250	250	300
出 水 管	150	200	250	250	300	300	300
溢 流 管	100	150	150	200	250	250	300
放 空 管	100	100	100	100	150	150	150

清水池池顶覆土层厚度与室外当地平均气温有关。当室外平均气温在-10℃以上时，覆土厚度为0.5m；在-10～-30℃时，覆土厚度为0.7m；低于-30℃时，覆土厚度为1.0m。

清水池的有效容积可按水厂最高日供水量的20～25%确定。钢筋混凝土清水池可采用国家标准图集S811～S822和S823～S833。其容积为50～1000m³。

二、水塔

水塔主要作用是，调节二级泵站与用户用水量变化而引起流量不平衡的矛盾。

水塔的构造见图6-8，主要由基础、塔身、水柜和管道系统四部分组成。基础一般由混凝土浇制而成；塔身可采用砖砌或石砌、钢筋混凝土等材料建造；水柜一般也由钢筋混凝土浇制。水塔的配套管道有进水管、出水管、溢流管、排水管（放空管）和水位控制系统。进水管由水柜上部进水，并安装浮球阀。出水管由水柜下部出水，并高出柜底20cm，以防止柜底沉淀物进入管网。当进、出水管合用一根管时，应在水柜出水管口安装止回阀，以防止水流从柜底流入。溢流管和放空管一般合用一根立管，其管径可采用与进、出水管相同，溢流管上不得安装阀门。放空管管口安装在水柜的最底部，并安装阀门。

水塔顶端应装有避雷装置。在寒冷地区，水塔应有防冻保温措施。在山区和丘陵地区，可根据地形在高地修建高位水池，采用重力输水，以降低投资和运行费用。水塔的修建可采用国家标准图集S845（不保温）和S846（保温），其容积为30～200m³。

三、气压给水设备

气压给水设备是利用密闭压力罐内空气压缩性能贮存和调节水量的供水装置，具有自动控制管网水压的能力，其作用相当于水塔和高位水箱。适用于小型的村镇给水工程。由于供水压力是借助罐内压缩空气维持，所以不受安装高度限制，可设置在任何高度。因此在设置水塔和高位水池有困难的地方，都可以用气压给水设备代替。

气压给水设备一般由气压供水罐（压力罐）、补气装置及电器控制设备等三部分组成。按其主体设备气压供水罐的补气方式分为空气压缩机补气、水力自动补气、一次充给氮气的隔膜式气压供水罐和人工补气等四种类型。

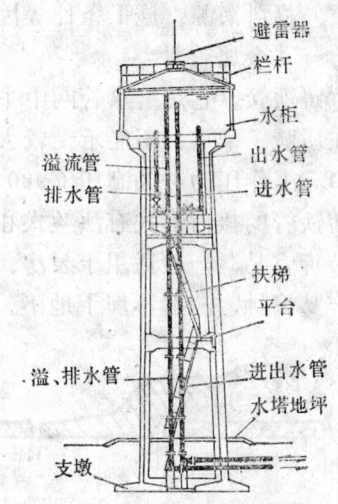

图6-8 水塔构造

图6-9是一种水力自动补气式气压供水装置的安装示意。它的工作原理是，水通过水泵进入给水管网，当水泵的供水量大于用户的用水量时，多余的水量就进入压力罐，使罐内水位上升，罐内的空气被压缩，压力增大，当压力上升到规定的上限值时，电接点压力表的指针就接通上限触点，继电器动作，切断电源，水泵停止工作。罐内水在空气压力下进入管网，继续供用户使用。随着罐内贮水量逐渐减少，容纳空气的体积逐渐增大，压力逐渐减小，当压力减小至规定的下限值时，电接点压力表指针接通下限触点，继电器动作，接通电源，水泵开始工作，如此往复。在压力罐工作过程中损失的空气，不断地由水力补气罐进行补充。

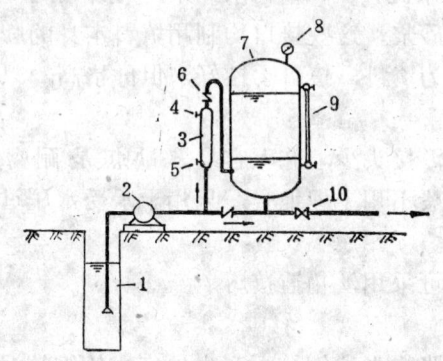

图6-9 自动补气气压供水装置
1—管井；2—水泵；3—补气罐；4—进气阀；5—排水阀；6—止回阀；7—压力罐；8—电接点压力表；9—水位计；10—阀门

气压给水设备的优点是：灵活性大，易于改建、扩建和搬迁；投资少，建设速度快，占地少，一般安装在泵房，对于北方寒冷地区便于保温；安装简单，使用维修方便等。其缺点是：只能用于供电能保证的地区；水泵启动较频繁；运行费用较高。

第五节 管道材料、附件及附属构筑物

一、给水管道常用材料

给水管材分金属与非金属两大类。管材的选用应根据管道的工作压力、外部荷载、土壤性质、材料来源、施工条件等因素确定。

（一）金属管材

1.铸铁管。它是给水管网中主要的管材之一，具有抗腐蚀性、经久耐用的优点，同时也存在质脆、笨重、不能承受较大压力的特点。其规格管径为75～1500mm，每节管长为3～6m，工作压力分为高压（980.7kPa）、中压（735.5kPa）、低压（441.3kPa）。

铸铁管的接口形式有法兰式和承插式两种，见图6-10、6-11。法兰式接口，连接方便，装拆容易，一般适用于泵房、水塔、水池的附属管道。由于法兰接口采用的钢制螺栓，容易腐蚀，一般不埋于地下。

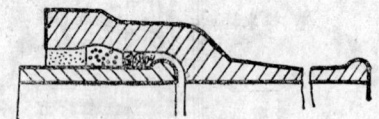 

图 6-10　承插式接口　　　　　　图 6-11　法兰式接口

承插式接口适宜埋地。连接时，将管段的插口一端插入另一管段的承口内，接口之间的环形空隙用接口材料填充。常用接口填充方法有：自应力水泥接口、石棉水泥接口、青铅接口等。自应力水泥接口的配合比是：自应力水泥:砂:水按1:1:0.28～0.32配合，养护期不小于48h；石棉水泥接口的配合比是：石棉:水泥按3:7重量比，养护期不小于24h。填充时分层填实，里层油麻丝或胶圈，外层水泥砂浆。这些接口均利用填料本身的膨胀性而达到密实不漏水的目的。青铅接口是用青铅作为填料，接口柔性好，但价格高，只有在特殊情况下使用。

2.钢管。其优点是强度大，韧性好，重量轻，接头少，施工容易。缺点是耐腐蚀性差，使用寿命短。使用时必须采用防护措施，一般不用于埋地管，只用于承受水压过高、穿越铁路和河谷的管线以及地震强度较高的地区。

钢管一般采用焊接和法兰接口，管径较小时可采用丝扣连接。

（二）非金属管

1.自应力混凝土管。它是用自应力水泥的膨胀力张拉钢筋而产生预应力的钢筋混凝土管。它具有良好的抗渗性、耐久性、铺设安装简便的特点。管道直径为100～600mm，管段长度3～4m，工作压力为0.4～0.6MPa左右。是村镇给水工程中采用较多的一种管材。自应力混凝土管的连接方式采用承插式，用橡胶圈密封。自应力管的缺点是重量大，质地较脆，管材切断和引接分支管较困难。

2.预应力混凝土管。它是配有纵向预应力钢筋和环向预应力钢筋的混凝土管。其管径为400～1400mm，管段长度5m，工作压力为0.4～1.2MPa。接口方式采用承插橡胶圈连接。

3.石棉水泥管。其管径为75~500mm，工作压力为0.45~1.0MPa，管段长度为3~5m。它具有表面光滑、输水性能好，重量轻、抗腐蚀的特点；同时也有质地脆、强度较低的缺点。接口方式可采用石棉水泥填料或橡胶圈，连接配件采用铸铁管配件。

4.塑料管。它具有耐腐蚀、管内光滑不易结垢、水头损失小、重量轻、安装方便、价格低等优点，因而在给水管网的运用日趋广泛。常用的塑料管有聚丙烯管、聚乙烯管、聚氯乙烯管三种。

聚丙烯管按工作压力可分为Ⅰ、Ⅱ型。Ⅰ型工作压力392.3kPa；Ⅱ型为588.4kPa。其管径50~500mm，管长4m。连接方式一般采用热插法，将管的一端放置在一定温度的甘油溶液中加热，待管端变软后迅速将其套插在另一根未加热的管端上，并在中间涂上粘接材料。

聚氯乙烯管分轻型、重型二类，轻型工作压力为588.4kPa；重型为981.0kPa。给水管网一般采用轻型，其管径25~400mm，管长4m。连接方式同于聚丙烯管，粘接材料较多的采用601硬质聚氯乙烯粘合剂。

塑料管连接方法还有许多，如丝扣连接、法兰连接和热风连接。塑料管铺设一般不需做基础，如遇土质不良时则可在管沟底部铺上10~15cm厚的砂子。施工时应注意塑料管的伸缩性较大的特点，在承插深度要留有余地。

二、管配件及管附件

（一）管配件

在管线转弯、分支、变径以及连接其它附属设备处，必须采用各种管道配件。常用的给水铸铁配件有：三通、四通、弯头、短管、异径管等。接口形式分承插和法兰两种。常用的给水铸铁配件，见表6-6。

（二）管附件

为了保证管网的正常运行、消防和维修管理，在管网中必须设置各种附件。

1.阀门。它的种类有很多，分有闸阀、截止阀、节流阀、球阀、旋塞阀、止回阀、安全阀、减压阀等。在室外管网中运用最广泛的是闸阀。闸阀是控制水流调节管道内水量、水压的设备，其结构见图6-12。

闸阀按其阀杆是否伸出控制盘，分为明杆式和暗杆式。明杆式启闭时，可以从阀杆的位置高低看出阀门的开启程度，适用于地面上的管道。暗杆式则不能从阀杆上看出阀门开启程度，常安装在地下管线上。

闸阀一般设置在输水管与管网的连接处；支管与干管的连接处；过长的干管管线上（一般每隔600m左右设置一个）；以及承接消火栓的管道上。

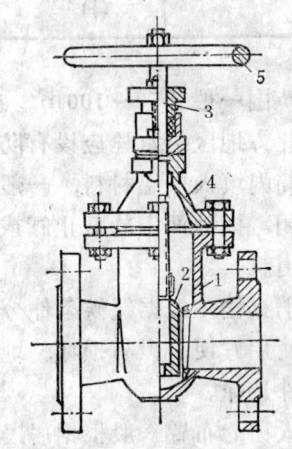

图 6-12 闸阀结构
1—阀体；2—闸板；3—阀杆；4—阀盖；5—手轮

2.给水栓。它是设置在室外的集中取水龙头。当管线通过没有室内卫生设备的居民区时，就应布置给水栓或取水站。给水栓的位置一般按街坊布局，以方便用水。每个给水栓

表 6-6 给水铸铁配件

编号	名称	草图	符号	编号	名称	草图	符号
1	承插直管			10	90°承插弯头		
2	三法兰三通			11	双盘异径管		
3	三承三通			12	承口法兰异径管		
4	双承三通			13	双承异径管		
5	四法兰四通			14	承插异径管		
6	四承四通			15	短管甲、承盘短管		
7	双承双法四通			16	乙字管		
8	90°双盘弯头			17	接轮、双承短管		
				18	插堵、承堵		
9	90°双承弯头			19	短管乙、单盘短管		

的服务范围一般为50～100m。在设置给水栓处必须同时修建污水槽和排水管沟。

在北方地区给水栓应设有防冻措施，见图6-13。露出地面的立管和龙头可装置在保温筒内，筒内填入保温材料，一般可填锯末或稻糠等。在冬季夜间不用水时，可将圆井中截止阀关闭，把地面上的截止阀或龙头打开，再把放水龙头打开，将立管中的水放空，以防冻坏管道。

3.消火栓。根据气候条件分为地上式和地下式两种。地上式消火栓（见图6-14）目标明显，使用方便，但易损坏。地下式不易损坏，但目标不明显，布置时可根据当地气候和使用条件选择。

消火栓的布置一般根据居民和主要建筑物的分布情况而定。设置的位置应在街口、路边醒目处，距车行道边不大于2m，距建筑物外墙不小于5m。由于村镇范围较小，两个消火栓的间距可小于120m。

消火栓和配水管的连接有直通式和旁通式两种，前者是在配水管顶部直接和消火栓连通；后者是从配水管接出支管，再在支管上连通消火栓。连接消火栓的给水管管径不应小于100mm。

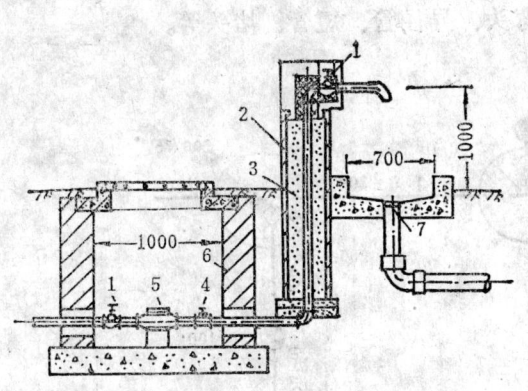
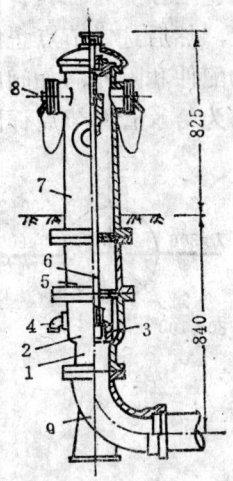

图 6-13 集中给水栓
1—截止阀；2—D_g300混凝土管；3—保温材料；
4—放水龙头；5—水表；6—砖砌圆井；7—排水地漏

图 6-14 地上式消火栓
1—阀体；2—阀座；3—阀瓣；4—排水阀；5—短管；6—阀杆；7—主体；8—接口；9—进水弯管

三、附属构筑物

（一）阀门井

管网上的阀门一般设在阀门井内，阀门井的尺寸应满足操作阀门及拆装管道配件所需的最小尺寸。阀门井的材料一般用砖砌，其深度取决于管道的埋深。阀门井的形状有圆形和矩形两种，国家标准图集S143、S144提供了阀门井的制作及安装尺寸。

（二）管道支墩

承插式接口的管线，在转弯处、三通的支管上、管道尽端的管堵上，都会由于管内压力的作用产生推力，如不加支撑，管道就会因接头的松动或脱节而漏水。因此，在这些地方必须设置支墩。支墩按推力的方向可分为水平支墩和垂直支墩两类，图6-15为水平支撑弯管的支墩构造。

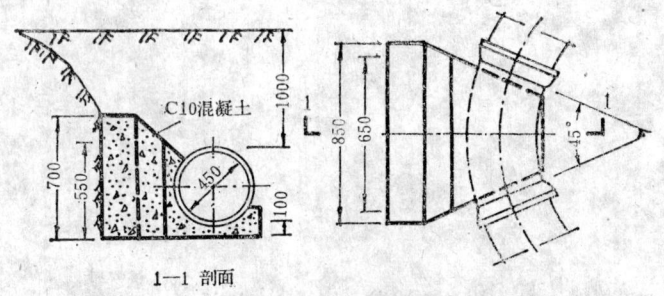

图 6-15 水平支墩

支墩可采用砖、混凝土或浆砌石块制作。当管径≤350mm，试验压力不大于981kPa时，埋设在一般土壤中管道的弯头、三通可不设支墩。当管道转弯角度小于10°时，无论管径大小，均可不设支墩。支墩标准图集见S328。

四、管网节点详图

给水管网的各管道交点称为节点。在管网的施工图上，应绘制节点详图，以便加工、定货和编制施工预算。在设计时，须在管网总平面图上确定阀门、消火栓、给水栓等主要附件的位置，然后选定节点上的管配件，绘制节点详图。在节点详图上，须用标准符号绘出节点上的配件和附件，如阀门、三通、弯头、异径管、短管、堵头等。

图6-16为给水管网节点详图。

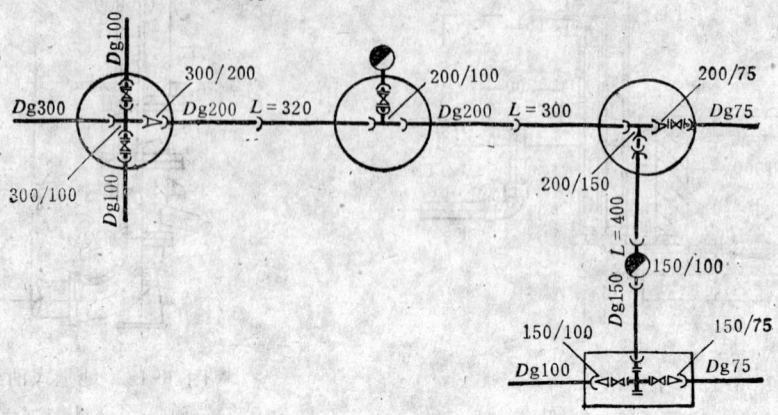

图 6-16 给水管网节点详图

第七章 村镇排水概述

第一节 村镇排水的意义和特点

一、村镇排水的意义

由于我国地域辽阔，村镇占地面积很大，基础设施薄弱，尤其是村镇排水工程发展缓慢，许多村镇的排水一般是明沟，下雨时易堵塞造成满街乱流；甚至有少数地方连明沟也没有，污水四溢，严重地影响了环境卫生和人民生活水平的提高。搞好村镇排水工程的规划，对保证工业生产，改善居民的居住环境，防止水体遭到污染，加速村镇现代化建设，都具有重大的意义。主要表现在三个方面：

（一）环境保护方面

排水工程对环境免受污染和少受污染起着重要作用。近些年来，由于改革开放，经济的发展，村镇工业蓬勃兴起，农业生产突飞猛进，村镇居民生活水平不断提高，各种卫生设备逐步完善，用水量大有增加，因而污废水数量亦相应增加，对环境及水体的污染现象日益严重。一些大、中城市为了缓解用水问题而有将具有污染源的工业企业外迁郊县的趋势。这虽可推动当地经济的发展，但同时也会造成村镇水体的污染。目前，村镇建设的管理体制还不健全，对污水治理问题还没有引起重视，尤其是一些地方只顾经济建设而忽略了环境保护；或者一些人只顾改善个人生活环境而没有注意到公共居住环境的改善，日久将会破坏当地的生态平衡。随着现代化建设的发展，水体的保护及合理利用将日益受到重视，必须加强对环境保护的认识，注意解决好水的治理问题，在搞好村镇建设的同时，还要注意保护环境使其少受污染或不受污染。

（二）卫生方面

排水工程的兴起，对确保人民的健康有深远的意义。通常由于村镇缺少排水设施或者排水设施不完善，就会引起水体对人体的危害。一种是水中含有致病微生物从而引起疾病的蔓延，如霍乱，痢疾等病源，容易引起人们的重视而加以防治；另一种是污染的水中含有有毒物质，易引起人们中毒。某些慢性中毒的物质往往通过食物链而逐渐在人体内蔓延，不易被发现，一旦发生，不仅危害一代人，而且危及子孙后代。所以，在村镇建设规划中，要加强排水工程的合理规划，修建必要的污水、雨水排除系统，采取强有力措施，进行"三废"治理，使排出的污水达到规定的卫生标准，以预防和控制传染病的发生。

（三）经济方面

水在我国的经济建设中，越来越起着重要作用。它是一种非常宝贵的资源。现代工业生产离不开水。如果水体遭到污染，其使用价值就会降低。排水工程正是保护水体，防止水体遭受污染，充分发挥其经济效益的有效手段之一。污水经过处理以后循环使用，或有控制地用于灌溉农田，不但可以节约用水，减少污染，还可节约水肥，促进农田生产。另外，工业废水中有价值原料的回收，不仅消除了污染而且降低了生产的成本，为国家创造了经济效益。所以污水的妥善处理，雨水、雪水的及时排除，对保证工农业生产正常进行有着重要的经济意义。

二、村镇排水的特点

村镇排水工程是随着村镇工业发展而逐步建立起来的，它具有下列几个特点：

1. 村镇排水中主要是生活污水和小部分生产污水、下雨时的雨水。由于村镇居民居住分散，工业企业规模不大，也较分散，所以村镇排水具有分散性。

2. 村镇大多数人从事同一生产活动，生活规律基本相同，用水时间相对一致，其污水排放时间也相对集中。

3. 村镇周围一般有许多池塘和土地可以利用，可采取氧化塘或土地处理系统进行处理污水。

4. 村镇排水系统建设要结合经济发展和经济条件，注意节省投资。在资金不足情况下，可以采取分期建设，使其逐步趋于完善。

第二节 村镇排水的体制及组成

一、污水的分类

污水是人们在日常生活、生产生活中使用过的水。根据污水的来源、性质和特征不同，村镇污水可以分为三类，即生活污水、生产废水及雨雪水。

（一）生活污水

生活污水是人们日常生活中所产生的污水，主要来自住宅、医院、机关、学校、商店、公共建筑及厕所、厨房、浴室、盥洗室、洗衣房等处排出的水。生活污水中含有较多的有机物，如蛋白质、动物脂肪等，容易腐烂而产生臭气，是一些细菌和寄生虫卵生存的地方。所以，生活污水必须经过处理后才能排放水体、灌溉农田或者再利用。

（二）工业废水

工业废水是指在工业生产中产生的废水，主要来自车间或场矿。由于各工业生产性质、工艺不同，所以工业废水在水质上千差万别。根据污水污染的程度不同，可分为生产废水和生产污水。在生产过程中只受到轻度污染或仅水温升高的水，如机械设备冷却水，称为生产废水。通常生产废水经某些处理后，即在生产中重复使用或排放水体。而在使用过程中受到严重污染的水称为生产污水。生产污水需要经过适当处理后才能排入水体。生产污水中的污染物质，主要含无机物的污水多来自冶金、建筑材料等工业；主要含有机物的污水则来源于食品工业、炼油和石油化工厂；既含有机物又含无机物并且有毒性的污水来自焦化厂和化学工业中的氮肥厂等。

（三）雨、雪水

雨、雪水指地面上流泄的雨水和冰雪融化水，一般比较清洁，但初期雨水比较脏，尤其是流经有污染物的工厂地面含有更多的有害物质。雨水的特点是，时间集中、流量大，如不及时排出会使居住区、仓库、街道遭受淹没，造成危害。

二、排水系统的体制

对生活污水、工业废水、雨雪水所采取的排除方式称为排水体制。一般可分为合流制排水系统和分流制排水系统两种形式。

（一）分流制排水系统

将生活污水、工业废水、雨雪水分别用两个或两个以上独立的管道系统排除的体制叫分流制排水系统，见图7-1。其中用以汇集和排除雨水的系统叫雨水排除系统；用以汇集生活污水和工业废水的系统叫污水排除系统；只用以汇集排除工业废水的系统叫工业废水排除系统。

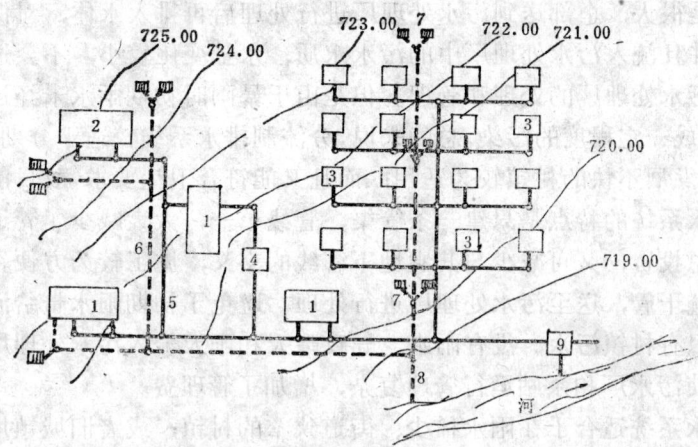

图 7-1 分流制排水系统

1—工厂；2—公共建筑；3—住宅；4—泵站；5—污水干管；6—雨水干管；7—雨水支管；8—雨水出水管；9—污水处理厂

分流制有三类：完全分流制、不完全分流制和半分流制。设有收集生活污水和部分工业废水的污水排除系统与收集雨水和不需处理的工业废水的雨水排除系统叫完全分流制。若只设有污水管道系统，未建雨水管渠系统，或者只修建了部分雨水管渠称为不完全分流制。在不完全分流制排水系统中，雨水是沿天然地面、街道边沟、水渠等设施，排泄到附近水体。若设有污水管道和雨水管道，初期将雨水引入污水管道进行处理的排水系统，称为半分流制。

（二）合流制排水系统

将生活污水、工业废水和雨雪水混合在一个管渠排除的系统叫合流制排水系统。我国许多老城镇采用直泄式合流制。将混合污水不经过处理直接就近排入水体，出口多且分散。随着城镇人口的增多，工业生产的发展，村镇污水量也逐步增多，污水成分越来越复杂。这种不经处理的污水会造成水体的逐步污染，甚至危害水体中的生物。为了避免出现这种现象，常常在沿河岸设置一条截流干管，在截流干管上设溢流井，晴天时污水全部送到污水处理厂；雨天时，将超出截流干管能力的那部分雨水经溢流井直接排放水体；其余的送污水厂处理后再排出，见图7-2。

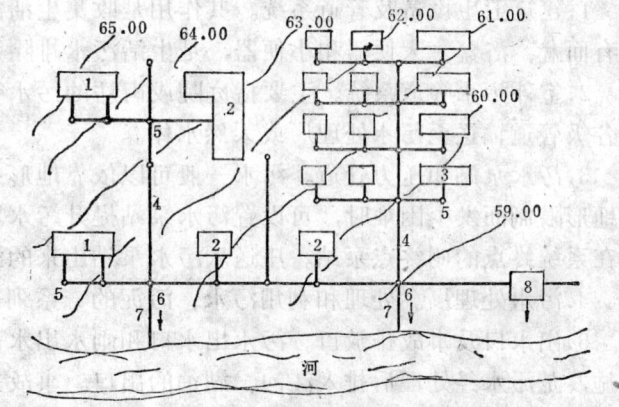

图 7-2 合流制排水系统

1—工厂；2—公共建筑；3—住宅；4—合流管道；5—检查井；6—溢流井；7—出水管渠；8—污水处理厂

（三）排水体制的选择

合理地选择排水体制，是村镇排水系统规划和设计的重要问题。它不仅影响排水系统的设计、施工、维护管理，而且对村镇排水工程的总投资及维护管理费用影响较大。

分流制排水系统的特点是污水与雨水分流。因村镇污水主要是生活污水和部分工业废水，其流量不是很大，全部送到污水处理厂进行处理后再排入水体，对保护当地水资源免受污染有利；并且流入污水处理厂中的污水水质、水量变化较小，不会造成污水厂超负荷运行，有利于污水处理厂的处理和管理。但是由于暴雨时初期雨水未经过处理就直接排入水体，对水体造成一定程度的污染。总的来说，分流制排水系统较适于分期建设，节省初级投资，对经济效益发展不快的村镇较为适用；而且又能符合卫生要求，故目前得到广泛应用。

合流制排水系统的特点是只建一条管渠，管线单一，大大减少了管道的长度，既节省了排水系统的总投资，又可减少与其它地下管线的交叉，施工较为方便。初期雨水随着生活污水流入截流干管，送至污水处理厂进行处理，避免了初期雨水带给河流的污染。但是晴天时管道中只有村镇污水，没有雨水。导致晴天和雨天流入污水处理厂的水量、水质有较大的变化，使污水厂和泵站运行管理复杂，增加了管理费。

合流制排水系统适合于在雨水稀少、街道狭窄的村镇；或者旧城镇地下设施较多、施工复杂、管渠设置位置受到限制的地方修建；或者是排水区域内有一处或多处水体，且水体按接纳污水后在其自净范围内，可以考虑采用合流制排水系统。尤其是在旧城镇的改造中，为了充分利用原有设施，往往采用截流式合流制。

排水体制的选择应结合当地的原有排水设施、水质、水量、地形、气候等因素，从满足环境保护要求，基建投资，维护管理，今后发展各方面综合考虑来确定。总之，排水体制的选择应使整个排水系统安全可靠和适用经济。

三、排水系统的组成

村镇污水排水系统由以下几部分组成：

1. 建筑卫生设备及管道系统。其作用是收集生活污水，将其排出至室外。卫生设备主要有面盆、浴盆、大便器和小便器，是生活污水排除系统的起端设备。

2. 室外污水管道系统。主要指庭院或街坊的污水管道系统和街道污水管道系统，污水由各级管道输送至污水处理厂或天然水体。

3. 污水泵站和压力管道。污水一般可以依靠地形条件重力流排除。但在特殊情况下受到地形限制而发生困难时，可设置污水泵站提升污水。设置在管道中途的叫中途泵站。设置在系统终点的叫终点泵站。压送从污水泵站出来的污水管道叫压力管道。

4. 污水处理厂。处理和利用污水、污泥的一系列构筑物。

5. 出水口及事故排放口。污水出水口和雨水出水口是整个村镇污水或雨水系统的终点设施，是污水经处理后排入江河、湖泊的出口。事故排放口一般设在污水系统的中途，某些易于发生事故的设施前面。

第三节　村镇排水系统规划

村镇排水系统规划的任务，是为合理解决村镇生活污水、工业废水、大气降水的处理、利用和排除问题，制订工程设施原则、规模和标准，确定总体布局的实施方案。

一、村镇排水工程规划的原则、步骤及内容

（一）村镇排水工程规划的原则

1. 满足村镇建设整体方面的要求，在总体规划的基础上进行排水系统的规划。
2. 符合环境保护的要求，贯彻执行"全面规划、合理布局、综合利用、化害为利"保护环境的方针。
3. 充分利用现有排水工程设施，满足使用要求。
4. 注意排水工程建设中经济、技术方案比较，处理好远期规划和近期建设的关系。

（二）排水工程规划的具体内容

1. 确定排水区域界限与排水定额，估算生活污水量、工业废水量和雨水量。
2. 拟定村镇污水、雨水的排除方案。包括确定排水方向和排水体制；拟定原有设施的利用和改造原则；研究分期建设，远期与近期的有机结合等主要问题。
3. 选择污水处理厂、出水口的位置及污水处理流程。
4. 进行排水系统的平面布置。在管网布置中确定主干管、干管的走向、位置和管径；确定提升泵站的位置。
5. 估算排水工程造价和年经营费用。

（三）排水工程规划的步骤

1. 搜集必要的基础资料：包括村镇道路、建筑物、地下管线及现有排水管线情况；气象、水文、水文地质、地形、工程地质及村镇范围内各种排水量、水质情况等资料。
2. 作排水工程规划方案并进行比较。在基本掌握基础资料的情况下，着手考虑排水工程规划方案，绘制方案草图，估算工程造价，分析方案优缺点，选择最佳方案。
3. 绘制村镇排水工程规划图及文字说明。

二、排水工程与其它工程规划的关系

村镇排水工程规划是村镇建设单项工程规划之一。它与其它单项工程规划和总体规划有着十分密切的关系。

排水工程的规划是在村镇总体规划的基础上进行的，应与村镇总体规划所确定的远、近期规划年限一致。通常村镇规划年限近期为5a，远期20a。

村镇总体规划应尽可能为村镇污水排放及处理利用创造条件，以节省排水工程投资。当总体规划与排水工程规划发生矛盾时，应服从总体规划的要求。

村镇排水工程应根据村镇总体规划的发展人口、工业项目和规模来估算村镇总污水量，以避免规模过大，造成设备积压，资金浪费；规模过小，则需不断扩建，不合理也不经济。

村镇排水工程应根据环境保护要求，拟定排放标准，决定污水处理程度，选择处理流程。

在村镇用地布局时，尽可能将废水量大、水质复杂、污染性大的工厂，布置在村镇的下游。对于工业废水处理和利用有关的工厂，规划时尽可能相邻或靠近布置，为工业废水处理创造条件。

排水工程规划时，还应结合道路布局和交通条件来考虑。排水管渠一般沿道路布置，尽量与地面坡度一致，以充分利用重力流。道路的宽度、等级、横断面及交通状况直接影响管道的具体位置及埋深。

排水工程规划与给水工程规划之间亦相互依存。给水工程中水源的选择一般在上游，而排水工程中排水口的选择尽可能在下游，以避免水源遭到污染。

第八章 村镇污水管道系统

第一节 污水管道的平面布置

在进行村镇污水管道系统的规划时,首先要在村镇规划总平面图上确定污水管道系统的位置及水流方向。这种工作通常称为污水管道的定线,即污水管道的平面布置。定线的程序是按主干管、干管、支管的顺序进行的。在定线时一般应遵循的原则是,尽可能做到管线最短、埋深最小和最大面积地排除污水。

在一定条件下,地形影响管道的定线工作。地形不同,管道布置形式也不相同。定线时应充分利用地形,形成重力流,减少管道的埋设深度。在整个排水区域较低的地方敷设主干管,以利支管的水流入主干管。图8-1为在地形平坦并且向一边倾斜,主干管沿地形的等高线平行敷设,干管与等高线相交,称为正交式。正交式布置干管长度短、管径小、污水排出迅速。当地形斜向河道的坡度很大时,主干管与等高线垂直,干管与等高线平行的称为平行式。在地势高低相差很大的地方,污水不能靠重力流至污水厂时,可采用分区式布置(见图8-2),这时,可分别在高地区和低地区敷设独立的管道系统。分区式的优点是充分利用地形排水,节省电力,经济可靠。

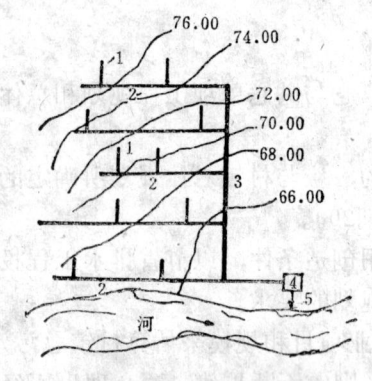

图 8-1 平行式布置

1—支管;2—干管;3—主干管;4—污水处理厂;5—出水口

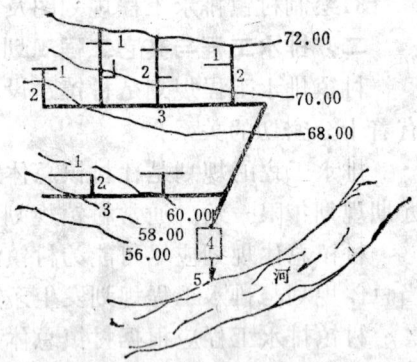

图 8-2 分区式布置

1—支管;2—干管;3—主干管;4—污水处理厂;5—出水口

污水支管是连接建筑物的出户管,用于汇集建筑物内部排出的污水。它的平面布置取决于地形及街坊建筑特征。当街道支管设在街道较低的一边称为低边式,见图8-3(a)。其特点是管线较短,在规划中采用较多。在街坊四周布置支管的,称为围坊式,见图8-3(b)。围坊式适合于地形平坦,居住集中的地区。当街坊内建筑物规划已确定,支管只有穿越街道的布置称为穿坊式,见图8-3(c)。穿坊式适合于新建城镇。

另外,污水处理厂,出水口的位置也影响着管道的布置形式。例如,小村镇或地形倾向于一方的村镇,通常只设一个污水厂和出水口,只需设一个主干管;而在平坦地区的村

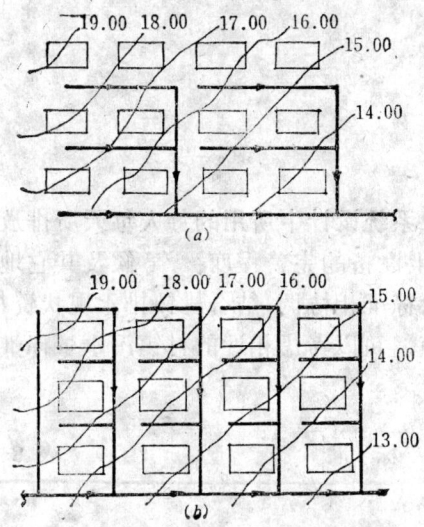
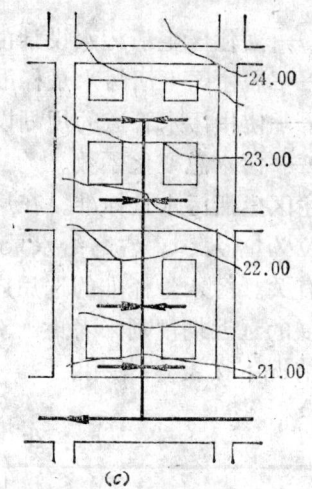

图 8-3 污水支管的布置形式
(a)低边式；(b)围坊式；(c)穿坊式

镇，可以有几个出水口，则设几条主干管。一般在进行管道布置时，尽可能把主干管布置在排水量大的工业厂矿或公共建筑附近，以减少主干管、干管的长度，以利污水就近排出。应避免在平坦地区布置流量小，而长度大的污水管道，造成管道的埋深过大，从而使施工费用增加。

村镇道路也影响管道的布置。一般情况下只在污水量较大或地下管线较少的一侧人行道、绿化带或慢车带下设置一条污水干管，且尽可能使污水管的坡降与地面坡降一致，以减少管道埋深，节省工程造价。当道路宽度大于40m时，可考虑在道路两侧各设一条污水管道。污水管尽量避免穿越河道、铁路、地下建筑物或其它障碍物，减少与其它管线的交叉。

总之，污水管道的定线，应考虑到工业企业和居住区远、近期规划及分期建设的安排，充分利用重力流，使管道的定线工作既满足近期村镇建设的需要，又利于远期的发展。

第二节 污水流量的计算

村镇污水管道规划设计的首要任务是，正确地确定每一个污水管段的污水量。污水设计流量的确定是合理选定污水管道的管径、坡度和埋深的依据。村镇污水量通常包括生活污水量和部分工业废水。

一、生活污水设计流量

（一）居住区生活污水量

居住区生活污水量是指每人每天排放的平均污水量。而村镇污水管道规划中所用的是，根据居住区最高日最高时流量。它可以由生活污水量标准，使用污水管道的人口数及污水量变化系数由下式计算确定：

$$Q_1 = \frac{qNK_s}{24 \times 3600} \qquad (8-1)$$

式中　Q_1——居住区生活污水设计流量（L/s）；
　　　q——居住区生活污水量标准（L/人·d）；
　　　N——使用污水管道的规划设计人口数；
　　　K_s——污水总变化系数。

1. 居住区生活污水量标准。在居住区污水排水系统设计中所用的每人每天所排放的污水量，单位为L/人·d。它与给水量标准、室内卫生设备的完善程度、气候及其它地方条件等因素有关。污水量标准的选用应与当地的给水标准相协调，结合村镇排水现状资料，综合村镇发展的远近期规划来考虑。对于新建的村镇，可以考虑相近的村镇污水量标准来确定。一般情况下按表8-1采用。

生活污水量标准　　　　　表8-1

卫生设备情况	分　　区				
	第一分区	第二分区	第三分区	第四分区	第五分区
	污水量标准（L/d·人）				
室内无给水排水卫生设备，从集中给水龙头取水，由室外排水管道排水	10～20	10～25	20～35	25～40	10～25
室内有给水排水设备，但无水冲式厕所	20～40	30～45	40～65	40～70	25～40
室内有给水排水设备，但无淋浴设备	55～90	60～95	65～100	65～100	55～90
室内有给水排水设备和淋浴设备	90～125	100～140	110～150	120～160	100～140
室内有给水排水设备和淋浴设备及集中热水供应	130～170	140～180	145～185	150～190	140～180

注：1. 表列数值已包括居住区内小型公共建筑的污水量。但居全市性、独立性的公共建筑的污水量未包括在内。
　　2. 在选用表列各项水量时，应按所在地的分区，考虑当地的气候和居住区规模、生活习惯及其它因素。
　　3. 其他地区的生活污水标准，根据当地气候和人民的生活习惯等具体情况，可参照相似地区的标准确定。
　　4. 关于地区划分情况与"居住区生活用水量标准"相同。

2. 设计人口数。指污水排水系统设计期限终期的人口数。设计时可以根据近、远期发展的规律，分别估算近、远期的人口数，也可以用人口密度与排除污水面积的乘积求得。人口密度是指单位面积的居民数，单位用人/ha表示。

3. 总变化系数。污水量实际上时刻都在变化，是不均匀的，在设计时通常假定其在一个小时内污水流量是均匀的，只用变化系数来表示这种变化情况。通常有时变化系数，日变化系数和总变化系数，即

　　　总变化系数　$K_s = K_h K_d$
　　　日变化系数　K_d = 最高日污水量/平均时污水量；
　　　时变化系数　K_h = 最高日最高时污水量/最高日平均时污水量。

村镇所采用的变化系数要比城市所采用的变化系数大，一般为2.5～5。污水量愈大，其变化幅度愈小，变化系数也愈小；反之则变化系数愈大。生活污水量的总变化系数一般按表8-2采用。

生活污水量总变化系数 K_s 表 8-2

污水平均日流量(L/s)	<5	5	40	70	100	200	500	1000
总变化系数 K_s	3	2.3	1.8	1.7	1.6	1.5	1.4	1.3

（二）工业企业生活污水量

工业企业生活污水量主要是来自生产区的厕所、浴室和食堂，盥洗室等。它可以由下式计算：

$$Q_2 = \frac{25 \times 3.0 A_1 + 35 \times 2.5 A_2}{8 \times 3600} + \frac{40 A_3 + 60 A_4}{3600} \quad (8-2)$$

式中　Q_2——工业企业生活污水设计流量（L/s）；
　　　A_1——冷车间最大班职工总人数；
　　　A_2——热车间最大班总人数；
　　A_3、A_4——三、四级车间最大班使用淋浴职工总人数和一、二级车间最大班使用淋浴职工总人数；
　　25、35——一般车间和热车间污水量标准（L/人·d）；
　　40、60——三、四级和一、二级车间淋浴用水量标准（L/人·d）。淋浴污水在下班后一小时内均匀排出；
　　3.0、2.5——一般车间和热车间排水量时变化系数。

（三）工业废水设计流量

工业废水设计流量是指单位产品的排水量或工厂日产废水量，与各种工业的生产性质、技术设备、工艺流程及所在地气候等多种因素有关。各种工业废水设计流量标准相差很大，一般由所属企业提供。

工业废水设计流量可按下式计算：

$$Q_3 = \frac{mM \times 1000}{T \times 3600} K_s \quad (8-3)$$

式中　Q_3——工业废水设计流量（L/s）；
　　　m——生产单位产品的废水量标准（L/单位产品）；
　　　M——每日生产的产品数量；
　　　T——每日生产的小时数（h）；
　　　K_s——总变化系数。

所以，污水总设计流量可以用累计的方法进行计算，即

$$Q = Q_1 + Q_2 + Q_3 \quad (8-4)$$

式中　Q——排水区域污水设计总流量（L/s）；
　　　Q_1——排水区域居住区生活污水设计流量（L/s）；
　　　Q_2——排水区域工业企业生活污水设计流量（L/s）；
　　　Q_3——排水区域工业废水设计流量（L/s）。

【例题 8-1】 某新建城镇，第一期规划人口为5万人，居住建筑层数为4～5层，建筑物内设有给排水设备，但无淋浴设备。该区有一工业企业，职工人数3000人，三班工作制，每班1000人，其中1/2在热车间工作，下班后需淋浴。该企业生产污水量为3500t/d，排

水情况均匀。设该镇的地理位置属第三分区,试计算污水总设计流量。

【解】 1.居住区生活污水设计流量Q_1的计算:查表8-1,根据第三分区,建筑物内仅有给排水卫生设备,但无淋浴设备,取平均生活污水量标准$q=90$L/s,查表8-2总变化系数$K_s=1.65$代入式(8-1)得

$$Q_1 = \frac{q_1 n K_s}{24 \times 3600} = \frac{90 \times 50000 \times 1.65}{24 \times 3600} = 85.9 \text{L/s}$$

2.工业企业生活污水设计流量Q_2计算:根据已知条件,企业每班工人1000人,其中1/2在热车间,1/2在冷车间,则

$$Q_2 = \frac{25 \times 3.0 A_1 + 35 \times 2.5 A_2}{8 \times 3600} + \frac{40 A_3 + 60 A_4}{3600}$$

$$= \frac{25 \times 3.0 \times 500 + 35 \times 2.5 \times 500}{8 \times 3600} + \frac{40 \times 500}{3600} = 8.38 \text{L/s}$$

3.工业废水设计流量计算:

$$Q_3 = \frac{3500 \times 1000}{24 \times 3600} = 40.5 \text{L/s}$$

4.污水设计总流量Q计算:根据式(8-4)为

$$Q = Q_1 + Q_2 + Q_3 = 134.8 \text{L/s}$$

第三节 污水管道在街道上的具体位置

村镇街道上,除了埋设有污水管道外,还有各种其它设施:(1)各种管道——给水管、雨水管、煤气管等;(2)各种电缆、电线——电话线、电灯线、电力线等;(3)各种隧道——人行横道、防空隧道等。设计污水管道在街道横断面上的位置时,应综合考虑各种地下设施。

污水管道埋设深度较其它管道大,首先考虑污水管道在平面和垂直方向的位置。

污水管道长期使用难免渗漏,对相邻的电缆、煤气管等会产生影响,因此与其它管线应保持一定距离。

在地下设施较拥挤的地区或极为繁忙的街道,把污水管道与其它管线集中安在隧道中比较合适。

一、污水管道的埋深

管道的埋深是指管道外壁底到地面的深度。埋深是决定管道系统造价和施工期的主要因素。如某地600mm管径的管道,当埋深为3m时,造价为50元/m;埋深为5m时,造价为150元/m。由此可见,管道埋深愈大,造价愈高,施工期愈长。因而进行水力计算时合理确定管道的埋深具有十分重要的经济作用。

覆土厚度是指管道外壁顶到地面之间的距离,见图8-4。它与埋深之间相差一个管外径。为了降低施工造价,管道的埋深愈小愈好,但为了技术上的要求规定了一个最小覆土厚度,其值取决于下面三个因素:

1.防止管道内的污水冰冻和因土壤冰冻膨胀而损坏管道(在寒冷地区)。现行《室外给排水设计规范》规定:无保温措施的生活污水管道或水温与它相近的工业废水管道,管道底埋深可在冰冻线以上0.15m,并且保证最小覆土厚度。有保温措施或水温比较高的管道在冰冻线以上的距离可以适当增大,也应保证最小覆土厚度。没有必要把整个污水管道全

部埋设在冰冻线以下,若是如此,会由于土壤膨胀而影响管道的基础。

2.必须防止管壁因地面荷载而受到破坏。为此,管道需有一定的覆土厚度。覆土厚度取决于管道的强度,地面荷载的大小及荷载的传递方式等各种因素。现行《室外给水排水设计规范》规定,在车行道下,管道最小覆土厚度一般不小于0.7m。若能保证管道不受外部荷载作用而破坏,覆土厚度可小于0.7m。

3.必须满足污水支管在衔接上的要求。房屋出户管的最小埋深通常采用0.55～0.65m,在气候温暖平坦地区,往往控制着最小覆土厚度,所以街坊或庭院污水管深也应有0.55～0.65m。街道污水管道起端埋深可由下式计算,见图8-5,即

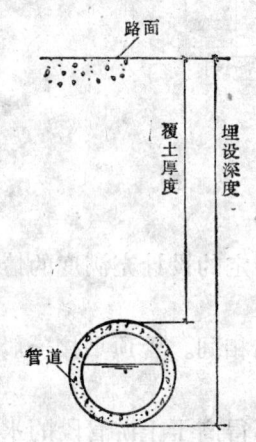

图 8-4 覆土厚度

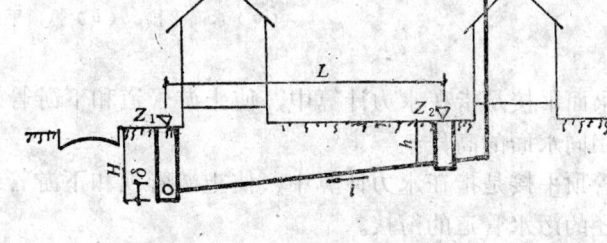

图 8-5 污水管道最小埋深

$$H = h + iL + (Z_1 - Z_2) + \delta$$

式中 H——街道污水管最小埋深(m);
　　 h——街坊污水支管起端管底埋深(m);
　　 i——支管埋设深度(m);
　　 L——支管的管长(m);
Z_1、Z_2——街道和街坊污水管道起端检查井地面标高(m);
　　 δ——连接支管与街道污水管道管底高差(m)。

在设计计算时,综合上述三个因素,算出三个不同的最小覆土厚度,取其最大值为允许最小覆土厚度。

排水区域内,离污水处理厂或出水口最远最低点称为控制点。因为控制点的埋深影响整个管道系统的埋深,故应尽可能浅埋。其措施可以采取增加管道的强度,加强管道的保温设施,填土提高地面高程或设置提升泵站等。

在进行管道水力计算时,除了考虑到污水管道的最小覆土厚度以外,还必须考虑到污水管道的最大埋深。一般在干燥的土壤中,最大埋深不得超过8m;在地下水位较高或土质不好的情况下,最大埋深不超过5m。如果管道埋深超过最大埋深时,应设置污水提升泵站;或者增大管径来减少管道埋深。否则,管道埋深过大会导致施工困难,施工工期延长,造价增高。

二、污水管道的衔接

污水管道上、下游之间衔接,维护、检修一般在检查井内进行。凡是在管径、坡度、

高程或方向发生改变的地方以及和支管接入的地方，都要设置检查井。上、下游之间的管道衔接应满足两方面的要求：

1. 避免在上游管道中形成回水，造成淤积；
2. 尽量提高下游管段的高程，以减小管段的埋深，降低造价。

管道的衔接方法，通常有管顶平接和水面平接两种，见图8-6。

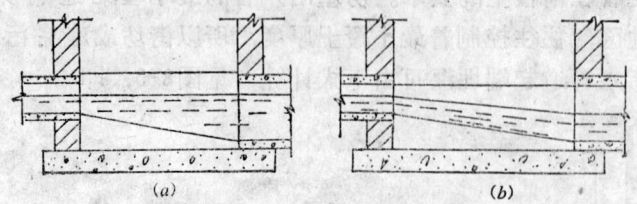

图 8-6 污水管道的衔接
(a)水面平接；(b)管顶平接

水面平接是指在水力计算中，使上游管道和下游管道在指定的设计充满度的情况下，具有相同水面的高程。

管顶平接是指在水力计算中，使上游管顶和下游管顶标高相同。管顶平接一般用于不同口径的污水管道的衔接。

无论采用哪一种衔接方法，下游管段的水面和管底高程不得高于上游管段的水面和管底高程。

第四节 污水管道的水力计算

在完成了污水管道的平面布置以后，便可以进行污水管道的水力计算。污水管道水力计算的目的是，为了经济合理地选择断面尺寸、坡度和埋深。

一、污水管道断面形式

污水管道断面形式必须满足静力学方面的要求，即必须有较大的稳定性，承受各种荷载时稳定坚固；满足水力学方面的要求，即管道断面应具有最大的排水能力，并且在一定流速下不产生沉淀物；达到经济方面的要求，即造价最低；在维护管理方面要求应便于冲洗和清通。由于圆形管具有较好的水力性能，便于预制，使用材料经济，对外抵抗力强；在运输和施工养护方面比较方便。所以圆管是最常用的一种断面形式，还有半椭圆、梯形、矩形、马蹄形、蛋形等。

半椭圆形断面，在土压力和活荷载较大时，可以更好地分配管壁压力，因而可以减小管壁厚度。适用于在污水量无大变化及管径大于2 m时。

马蹄形断面，其高度小于宽度，在地质条件较差或者地面平坦，受河流水位限制时，需要尽量减小管道埋深以降低造价，宜采用此种断面。

矩形断面可以按需要将深度增加，以增大排水量。对于工业企业污水管道、路面狭窄的排水管道及排洪沟等常采用这种断面。

梯形断面适用于明渠。它的边坡取决于土壤性质及铺砌材料。

二、污水管道中水流特点

1. 污水管道中污水流动一般采取重力流。即依靠重力从高处流向低处。村镇污水中一般含有99%以上的水分,可以认为是遵循水流规律的。在设计中可采用水力学公式。

2. 污水在管道中流动一般按均匀流计算。事实上管道内污水流动时刻都在发生变化,属非均匀流。但在一个较短的管道内,如流量变化不大,管道坡度也不大,可以认为管道内水流速度不变,水流可以看作均匀流。在设计时,对每一个管段按均匀流计算。

3. 污水管道按部分充满管道设计。设计充满度即在设计流量下,污水在管道中的水深 h 与管道直径 D 的比值。当 $h/D<1$ 时为非满流;$h/D=1$ 时为满流。污水管道按非满流计算的原因有三方面:

(1) 由于污水量每天每时都在发生变化,难以精确计算,因而设计时需留出一部分管道断面,避免污水溢出地面污染环境。

(2) 污水管道内沉积的污泥可能分解有害气体,因而管道应保证适当的空隙,以利通风排除有害气体。

(3) 为了防止地下水的渗入。

4. 管道内水流不产生淤积,也不冲坏管壁。由于污水中含有不少杂质,流速过小,就会产生淤积;流速过大,又会损坏管渠,减少管道寿命,所以流速必须在适当的范围内。

三、水力计算基本公式

污水管道水力计算中,常用的均匀流基本公式有:

流量公式为
$$Q = \omega V$$

流速公式为
$$V = C\sqrt{Ri}$$

式中　Q ——流量（m³/s）;
　　　ω ——过水断面面积（m²）;
　　　V ——流速（m/s）;
　　　R ——水力半径（m）;
　　　C ——谢才系数;
　　　i ——水力坡降。

C 值一般按曼宁公式计算,即

$$C = \frac{1}{n} R^y$$

$$y = 2.5\sqrt{n} - 0.43 - 0.75\sqrt{R}(\sqrt{n} - 0.16)$$

式中　n ——管壁粗糙系数,见表8-3。

四、污水管道水力计算设计数据

为了保证污水管道正常排水,在实践的基础上,现行《室外给排水设计规范》对充满度、流速、坡度和管径规定的数据,可在设计中采用。

1. 设计充满度。《室外排水设计规范》规定污水管道按非满流进行设计。其最大设计充满度见表8-4。

2. 设计流速。和设计流量、设计充满度相应的水流速度叫设计流速。防止管道内污

常用管渠粗糙系数　　　　　　　　　表 8-3

管渠材料	n 值	管渠材料	n 值
陶土管	0.013	水泥砂浆抹面	0.013
铸铁管	0.013	土明渠	0.025~0.03
混凝土管和钢筋混凝土管	0.013~0.014	干砌砖石渠道	0.02~0.025
钢管	0.012		

污水管道最大设计充满度　　　　　　　表 8-4

管径(或渠高)d（mm）	最大设计充满度 h/D
150~300	0.6
350~450	0.7
500~900	0.75
≥1000	0.8

水发生淤积的流速称自净流速或最小流速。当管径小于或等于 500mm 时，其自净流速为 0.7m/s；当管径大于500mm时，自净流速为0.8m/s。明渠的自净流速为0.4m/s。

污水管道不发生冲刷时的流速称为最大流速。《室外给排水规范设计》规定：金属管道的设计流速最大为10m/s；非金属管道为5m/s。明渠的最大设计流速为2.0m/s。

3. 最小设计坡度。在均匀流情况下，其设计流速公式 $V = C\sqrt{Ri}$ 可以看出流速 V 与坡度 i 有密切关联，相应于最小设计流速的坡度为最小坡度。《室外排水设计规范》中规定最小坡度，见表8-5。

最小管径和最小坡度　　　　　　　表 8-5

类别	位置	最小管径(mm)	最小坡度
污水管道	在街坊和厂区内 在街道	150 200	0.007 0.004
雨水管道和 合流制管道	在街坊和厂区内 在街道	200 250	0.004 0.003
雨水口连接管		200	0.01

4. 最小设计管径。在一定情况下，特别是在管道的起端部分污水的设计流量很小，按此流量进行水力计算，管径必然很小，而管径太小的污水管道易发生堵塞。为了污水管道的维护管理方便，提出了最小管径的规定。当按实际污水设计流量进行水力计算所求得的管径值，小于最小管径值时，采用最小管径值。《室外排水设计规范》规定最小管径，见表8-5。

五、图表的应用

污水管道的水力计算时，为了简化计算，设计时，通常查计算图表。计算图表中的数据是根据水力学中有关无压均匀流公式而来的，见附录三。

在具体计算时，已知设计流量Q与管道的粗糙系数n，可以确定管道的管径、坡度、流速、充满度。在选择断面直径时，必须在规定的设计充满度和设计流速情况下，考虑地形坡度来确定管道的坡度，保证自净流速时的最小坡度。一方面尽可能使管道坡度与地面坡度相适应，以减少埋深，降低造价；另一方面也要防止超过设计流速，使管道发生淤积和冲刷。总之，在应用图表时要全面考虑，尽量做到经济合理。现举例说明其应用。

【例题 8-2】 已知粗糙系数$n = 0.014$，管径$D = 300mm$，坡度$i = 0.004$，流量$Q = 30$ L/s。求其流速V和充满度h/D。

【解】 采用$D = 300mm$图表（见附录二）找出坡度$i = 4‰$的那一格，当流量为28.7 L/s时流速为$V = 0.81m/s$，充满度$h/D = 0.50$；当流量为$Q = 33.6L/s$时，流速$V = 0.84$ m/s，充满度$h/D = 0.55$。根据已知条件，该管段流量$Q = 30L/s$，采用内插法得

当$Q = 30L/s$，$i = 0.004$时，流速$V = 0.82m/s$，充满度$h/D = 0.52$。

根据《室外排水设计规范》规定：当管径$D \leq 300mm$时，最大充满度$h/D = 0.6$；当管径$D \leq 500mm$时，最小设计流速为$V = 0.7m/s$。

【例题 8-3】 已知粗糙系数$n = 0.014$，流量$Q = 32L/s$，管径$D = 300mm$，充满度$h/D = 0.60$，求流速V和坡度i。

【解】 选用管径$D = 300mm$图表，当$Q = 33.4L/s$时，$V = 0.76m/s$，$i = 0.003$，$h/D = 0.6$；当$Q = 30.5L/s$时，$V = 0.69m/s$，$i = 0.0825$，$h/D = 0.6$。根据已知条件可知：$Q = 32L/s$时，$h/D = 0.6$，$V = 0.74m/s$，$i = 0.0027$。

总之，水力计算表上的管径和粗糙系数是确定的，表中流量Q、流速V、充满度h/D、坡度i四个因素，只要确定出其中任意两个便可以知道其它两个。

六、污水管道平面图和纵断面图

污水管道系统设计的主要图纸是平面图和纵剖面图。它可以分为初步设计和技术设计，或扩大初步设计。

初步设计又称规划设计，其任务是解决工程的原则问题。一般情况下初步设计只绘制平面图。管线只绘制干管和主干管部分。在平面图上绘出建筑物和管线的位置，并附上指北针，确定检查井的位置编号，在每一管段上注明长度、管径、坡度。污水管道用单线表示，一般要求图纸比例是1:1000～1:2000。

技术设计是在初步设计基础上进行的，要包括更详细的资料，除了绘制管道平面图外，还须绘制管道纵剖面图。

平面图上除了反映初步设计所需的内容外，应进一步确定连接管接入街道干管的位置和高程。图纸比例1:500～1:2000。

纵剖面图应反映管道沿线高程的位置情况，它与平面图相呼应。纵剖面图上应绘出地面高程线、管段高度线、检查井及沿线支管接入的位置、管径及高程等，其下方注明检查井编号、管径、管道长度、地面高程和管底高程。纵剖面图的比例通常采用：水平方向1:500～1:1000；垂直方向1:50～1:100。

第五节 污水管道布置实例

试根据图 8-7 所示街坊平面图,布置污水管道,进行水力计算,绘制出纵剖面图。已知居住区人口密度350人/ha,污水量标准120L/人·d。火车站与公共浴室的设计污水量分别为3L/s及4L/s,工厂甲工业废水量为25L/s,工厂乙工业废水量为6L/s。

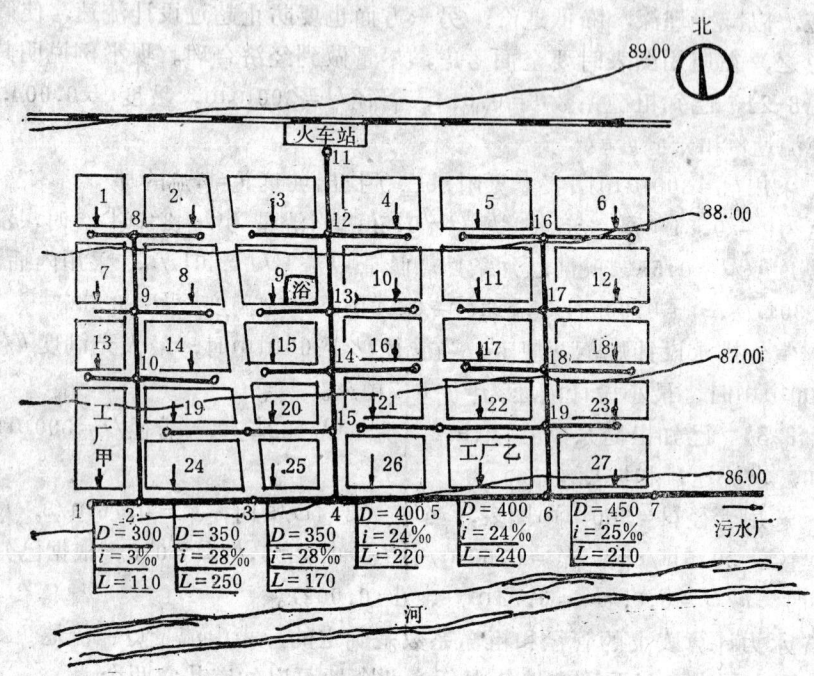

图 8-7 某区污水管道平面布置

一、进行污水管道布置和划分设计管段

从图中可以看出该区地势平坦,坡度较小,无明显分水线,地势自北向南偏斜,可以划分为一个排水区域。将各个街坊的污水支管布置在地势较低一侧,干管基本上与等高线垂直,南侧主干管与等高线平行,即为前面所学的正交式布置形式。污水送到污水处理厂处理后排放河流。根据检查井的设置条件,凡是有设计流量流入或旁侧管接入的检查井,进行管段起迄点编号,这样主干管可以划分为1~2、2~3、3~4、4~5、5~6、6~7六个设计管段。从平面图上用比例尺量出每个管段的长度,填入表8-8内,并进行各设计管段服务街坊编号,按各街坊的平面范围计算出它们的面积,填入表8-6内。

二、进行污水干管设计流量的确定

已知居住区人口密度为350人/ha,污水量标准为120L/人·d,则每公顷街坊面积比流量为

$$q_0 = \frac{350 \times 120}{24 \times 3600} = 0.486 \text{L/s·ha}$$

本例中共有四个集中流量,在检查井1, 5, 11, 13分别进入管道,相应的设计流量为25、6、3、4L/s。

各街坊面积（ha） 表8-6

街坊编号	1	2	3	4	5	6	7	8	9	10	11	12	13	14
街坊面积	1.21	1.70	2.08	1.98	2.20	2.20	1.43	2.21	1.96	2.04	2.40	2.40	1.21	2.28

街坊编号	15	16	17	18	19	20	21	22	23	24	25	26	27
街坊面积	1.45	1.70	2.00	1.80	1.66	1.23	1.53	1.71	1.80	2.20	1.38	2.04	2.80

从图8-7、表8-7可看出，设计管段1～2为主干管的起点管段，只有工厂甲的25L/s流量流入，所以设计流量为25L/s。管段2～3除转输管段1～2的集中流量为25L/s外，还有本段流量q_1和转输流量q_2流入，该管段接纳街坊24的污水面积为2.2ha，故本段流量$q_1 = q_0 F = 0.486 \times 2.2 = 1.07$L/s。该管段的转输流量是从旁侧管段8～9～10～2流入的生活污水平均流量，其值为$q_2 = q_0 F = 0.486 \times (1.21+1.7+1.43+2.21+1.21+2.28) = 0.486 \times 10.04 = 4.86$L/s。合计平均流量为$q_1 + q_2 = 1.07 + 4.88 = 5.95$L/s，查表得$K_s = 2.2$。该管段的生活污水量为$Q_1 = 5.95 \times 2.2 = 13.09$L/s。则总设计流量为$Q = 13.09 + 25 = 38.09$L/s。其余各管段计算方法相同。

污水干管设计流量计算表 表8-7

管段编号	居住区生活污水量 Q_1								集中流量		设计流量 (L/s)
	本段流量				转输流量 q_2 (L/s)	合计平均流量 (L/s)	总变化系数	生活污水设计流量 (L/s)	本段 (L/s)	转输 (L/s)	
	街坊编号	街坊面积	比流量 q_0 (L/s·ha)	流量 q_1 (L/s)							
1	2	3	4	5	6	7	8	9	10	11	12
1～2	—	—	—	—	—	—	—	—	25.00	—	25.00
8～9	—	—	—	—	1.41	1.41	2.3	3.24	—	—	3.24
9～10	—	—	—	—	3.18	3.18	2.3	7.31	—	—	7.31
10～2	—	—	—	—	4.88	4.88	2.3	11.23	—	—	11.23
2～3	24	2.2	0.486	1.07	4.88	5.95	2.2	13.09	—	25.00	38.00
3～4	25	1.38	0.486	0.67	5.96	6.62	2.2	14.56	—	—	39.56
11～12	—	—	—	—	—	—	—	—	3.00	—	3.00
12～13	—	—	—	—	1.97	1.97	2.3	4.53	—	3.00	7.73
13～14	—	—	—	—	3.91	3.91	2.3	8.99	4.00	3.00	15.99
14～15	—	—	—	—	5.49	5.49	2.3	11.96	—	7.00	18.97
15～4	—	—	—	—	6.85	6.85	2.2	15.07	—	7.00	22.07
4～5	26	2.04	0.486	1.01	13.47	14.48	2.0	28.96	—	32.00	60.96
5～6	—	—	—	—	14.48	14.48	2.0	28.96	6.00	32.00	66.96
16～17	—	—	—	—	2.14	2.14	2.3	4.92	—	—	4.96
17～18	—	—	—	—	4.47	4.47	2.3	10.28	—	—	10.28
18～19	—	—	—	—	6.32	6.32	2.3	13.90	—	—	13.90
19～6	—	—	—	—	8.77	8.77	2.1	18.42	—	—	18.42
6～7	27	2.80	0.486	1.36	23.25	24.61	1.9	46.76	—	38.00	84.76

三、进行主干管水力计算

1. 从管道平面图上量出每一管段的长度,列于表8-8中第2项。

污水主干管水力计算表　　　　表 8-8

管段编号	管道长度(m)	设计流量(L/s)	管径(mm)	坡度 i	流速(m/s)	充满度 h/D	充满度 h(m)	降落量 iL(m)	高程(m) 地面 上端	高程(m) 地面 下端	高程(m) 水面 上端	高程(m) 水面 下端	高程(m) 管内底 上端	高程(m) 管内底 下端	埋深 上端	埋深 下端
1	2	3	4	5	6	7	8	9	10	11	12	13	14	15	16	17
1~2	110	25.00	300	0.003	0.70	0.51	0.153	0.33	86.20	86.1	84.35	84.02	84.20	83.87	2.00	2.23
2~3	250	38.09	350	0.0028	0.75	0.52	0.182	0.7	86.10	86.05	84.00	83.30	83.82	83.82	2.28	2.93
3~4	170	39.56	350	0.0028	0.75	0.53	0.186	0.476	86.05	86.00	83.30	82.83	83.115	82.64	2.93	3.36
4~5	220	60.96	400	0.0024	0.80	0.58	0.232	0.528	86.06	85.9	82.82	82.29	82.59	82.062	3.41	3.84
5~6	240	66.96	400	0.0024	0.82	0.62	0.243	0.576	85.9	85.86	82.29	81.72	82.04	81.47	3.85	4.33
6~7	240	84.76	450	0.0023	0.85	0.60	0.27	0.552	85.8	85.70	81.09	81.04	81.42	80.868	4.38	4.33

2. 将各设计管段的设计流量,列于表中第3项。将各检查井起迄点的高程,列于第10、11项。

3. 计算每一设计管段的地面坡度,作为管道坡度选取时的依据。

4. 根据流量、参考地面坡度,选取管径。例如管段1~2,$Q=25$L/s,若采用250mm管径使充满度不超过0.6,则坡度需采用0.0047,比地面坡度大很多。所以采用 $D=300$mm查附录三得 $Q=25$L/s,$V=0.7$m/s,则 $h/D=0.51$,$i=0.003$,把确定的管径、坡度、流速、充满度四个数据,分别填入表第4、5、6、7项。

其余各设计管段的水力计算方法同上。

5. 根据设计管段长度和坡度求降落量,填入表中第9项。根据管径和充满度求管段的水深,填入表中第8项。

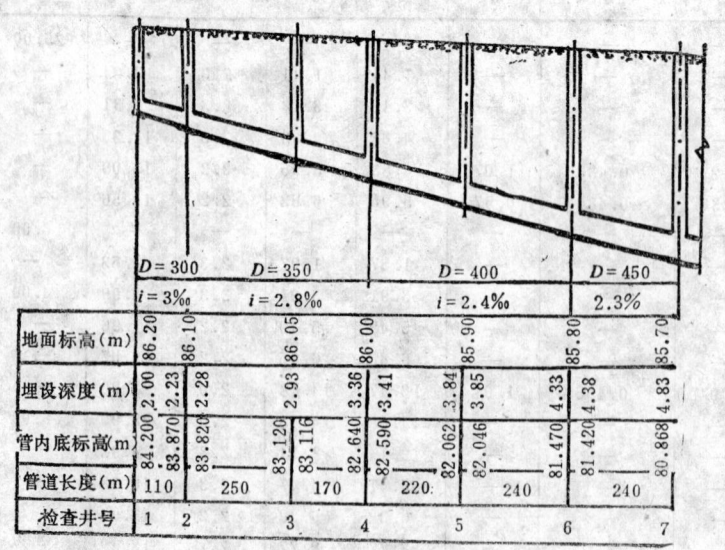

图 8-8 管道纵剖面

6. 求计算管段上、下端管底高程及埋设深度。

1点是主干管的起点，假定其埋深为2.0m，将该值列于表中第16项。

1点的管底高程等于1点的地面高程减去1点的埋深，即86.20-2.00=84.20m，将该值列于表中14项。

2点的管底高程等于1点的管底高程减去降落量，即84.20-0.33=83.87m，将此值列于表中第15项。

2点的埋深等于2点的地面高程减去2点的管内底高程，即86.10-83.87=2.23m，将该值列于表中第17项。

7. 计算管段上、下端水面高程。管段上、下端水面高程等于相应点的管内底高程加水深。如管段1~2中1点的水面高程为84.20+0.153=84.353，将此值列于表中第12项。2点的水面高程为83.87+0.153=84.023，列于表中第13项。

8. 绘制管道纵剖面，见图8-8。

第九章 雨水管渠

第一节 雨水管渠布置原则

雨水管渠的任务是及时地排除暴雨所形成的地面径流，以保障村镇工厂和人民生命财产的安全。尤其是在雨水量大的南方地区，起着十分重大的作用。落在地面上的雨水，其中一部分沿地面流入雨水管渠和水体，通常称为地面径流。我国地域广阔，气候差异大，年降雨量分布不均匀，从东南到西北呈递减趋势。即使是在降雨量大的地区，全年的降雨总量也不过和生活污水量相近，而沿地面流入雨水管的雨水不到总雨水量的一半。但由于全年雨水的绝大部分是在短时间内降下的，十分猛烈，形成数十倍于生活污水的径流量。为了防止雨水造成巨大的危害，需要及时排除。

在村镇，雨水可以采用明渠和管道系统排除。明渠的造价低，用材方便，可以用砖和石头砌成，但占地面积大，维护管理不方便，长期无人管理会造成堵塞，形成臭水，产生苍蝇、蚊子，不利于环境卫生，从而导致人们生产、生活和交通的不便。所以，一般在建筑物密集、交通繁华的地方，采用埋地管道排除雨水较多，只有在人口稀少等特殊地方，才采用明渠排水。

采用暗管的雨水管道系统是由雨水口、连接管、检查井、雨水管道和出水口等主要部分组成，见图9-1。

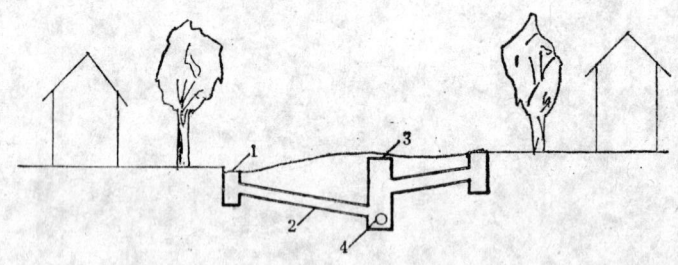

图 9-1 雨水管道系统的组成
1—雨水口；2—连接管；3—检查井；4—雨水管道

雨水口的作用是收集由街区、庭院流入街道和道路边沟的雨水；连接管是雨水和检查井之间的连接管段；检查井是为了便于管道连接和清通的构筑物；出水口设在雨水管道系统的终端，将雨水排入河流。

雨水管道系统的基本要求是布局经济合理、安全可靠地及时排除村镇及工厂排水面积内的暴雨径流。所以管道系统布置时应遵循下列原则：

一、充分利用地形，就近排入水体

雨水管道应尽量利用自然地形，以最短距离重力流排入附近的水体中去。一般情况下，当地形坡度较大时，雨水干管布置在地形低处或溪谷线；当地形平坦时，雨水管布置在排水区域的中间。

当管道排入池塘或小河时，由于出水口构造简单，造价不高，可以采用分散式出水口的布置形式。其特点是排放水体近，干管分散布置，线路短，可以充分利用地形。

当河流水位变化很大，管道出水口离水体较远时，出水口的构造就比较复杂，造价也就较高，宜采用集中式出水口，其特点是干管适当集中汇入主干管，减少主干管的长度。

二、管道的覆土厚度

雨水管渠的最小覆土厚度参照污水管道的规定。有一种排水方式是无覆土盖板渠，在国内已有广泛的采用，即地面式暗沟。它主要用于排除雨水，不宜用此排除污水。这种暗沟适用于雨水系统中控制点地区或其它平坦地区，可以减少全系统的沟槽挖深，一般都能降低造价。

图9-2为地面式暗沟断面示意图。设计时，应注意盖板直接承受活荷载和静荷载的情况，宜尽量利用地面径流，延长集水距离。暗沟不宜过小，起点沟宽不宜小

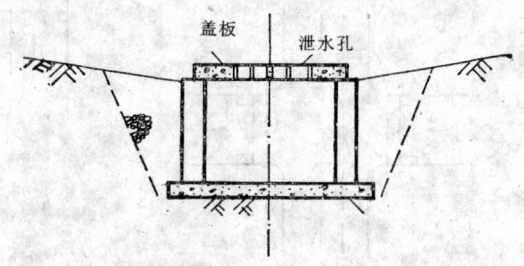

图 9-2 地面暗沟示意

于0.5m，沟深不宜小于0.6m，盖板兼做人行道时，在构造上应考虑启盖后便于复原，板应光滑耐磨。

三、避免设置雨水泵站

由于暴雨量比较大，所以设雨水泵站投资大，而且一年之中雨水泵站利用率很低，一般情况不设雨水泵站，只有在距水体位置较远，且地形平坦或地势不利的情况下，才设置雨水泵站。即使如此，也应尽可能使通过泵站的流量减少至最小，以节省泵站的工程造价和经营运转费用。

四、结合道路规划布置管渠

雨水管路应平行道路敷设，宜布置在人行道上或某地带下，不宜布置在快道上。当道路宽度大于40m时，可以考虑在道路两侧分别设置雨水管渠。还应考虑到与其它地下管线之间的相互协调。

五、雨水口的设置

雨水口的设置应根据道路、街坊及建筑情况，地形和土壤条件，绿化情况，降雨强度及雨水口的泄水能力。

雨水口宜于设置在汇水点和截水点上，前者如道路上的汇水点，街坊中的低洼处，河道或明渠改建暗沟以后原来流入河渠的水路口，靠地面淌流的街坊或庭院的水路口，沿街建筑物雨落管附近等。后者如道路上每隔一定距离的地方，沿街各单位出入路口及人行横道线上游等。

十字路口处，应根据雨水径流情况布置雨水口，见图9-3。

雨水口的设置间距应根据前述有关因素和实践经验来确定，一般为25～60m。

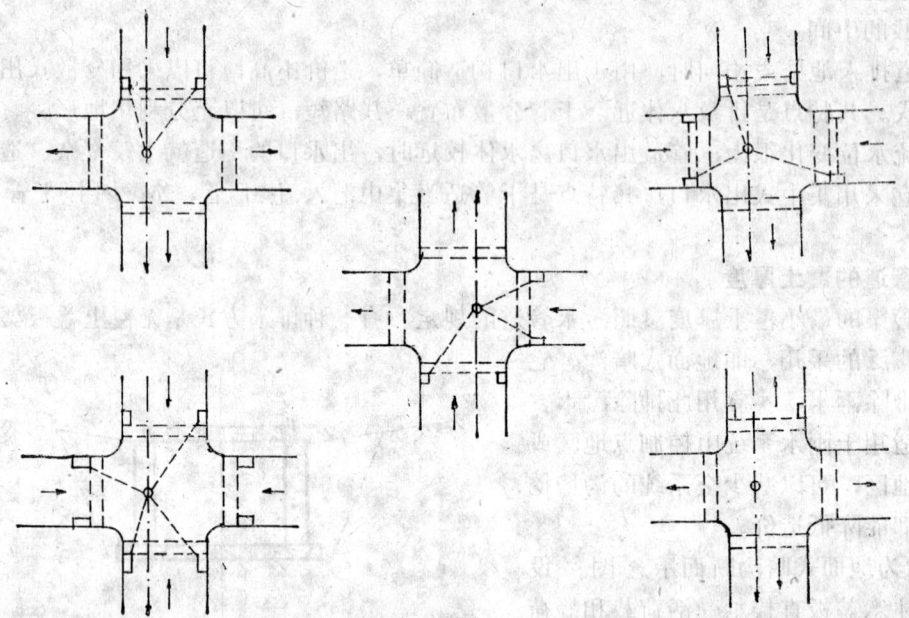

图 9-3 路口雨水口设置

第二节 雨水管渠的设计流量

雨水管渠的设计流量是选择雨水管渠断面尺寸和坡度的依据，它与降雨强度、汇水面积及地面情况等因素有关。其设计流量计算公式如下：

$$Q = 167i = \Psi F q \tag{9-1}$$

式中　Q——管段的设计流量（L/s）；
　　　F——管段上设计排水面积（ha）；
　　　i——降雨强度（又称物理强度）（mm/min）；
　　　q——降雨强度（又称技术强度）（L/s·ha）；
　　　Ψ——径流系数。

上述计算雨水设计流量公式，不是严格的理论公式，而是经验公式。因为降雨强度 q 与径流系数 Ψ 的确定都带有一定实践经验的数据。

一、降雨强度

降雨强度是指降雨的绝对量，用降雨深度 h（mm）表示；也可以用单位面积上的降雨体积表示。两者都可以用雨量计测定。

降雨历时是指连续降雨的时段，可以指全部降雨时间；也可以指其中个别连续时间，用 t 表示，单位为min或h。

进行雨水管道设计时，雨水量是指单位时间的降雨量即降雨强度，其意义即为单位时间内的降雨深度（mm）。降雨强度用公式 i 表示，即

$$i = h/t \tag{9-2}$$

式中 i——降雨强度（mm/min）；
  t——降雨历时（min）；
  h——相应于降雨历时的降雨量（mm）。

在实际工程计算中，降雨强度 i 折算成以体积表示的降雨强度 q。降雨强度 q 是指单位时间内单位面积上的降雨体积。单位为 L/s·ha。

$$q = \frac{1 \times 1000 \times 10000}{1000 \times 60} i = 167i \qquad (9-3)$$

暴雨强度是描述暴雨的重要指标，强度越大，雨越猛烈。

暴雨强度是决定雨水设计流量的重要依据，i 可以根据自动雨量记录而求得，见图 9-4。

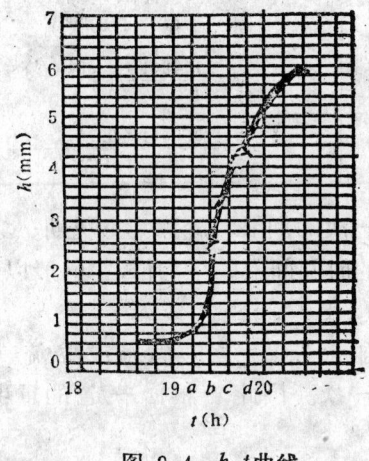
图 9-4 h-t 曲线

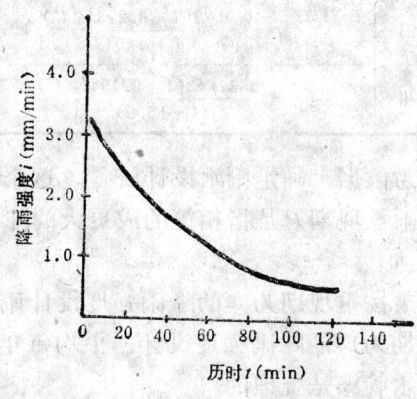
图 9-5 i-t 曲线

暴雨强度越大，所经历降雨历时越短。暴雨强度和降雨历时之间的关系可从图 9-5 看出。

暴雨强度曲线可以用暴雨强度公式来代替。暴雨强度公式可根据自动雨量计记录推求出来。暴雨强度公式一般采用下式：

$$q = \frac{167 A_1 (1 + C \lg P)}{(t+b)^n}$$

式中 q——设计降雨强度（L/s·ha）；
  P——设计重现期（a）；
  A_1——重现期为1a的设计降雨的雨力；
  C——雨力变动参数；
  t——降雨历时（min）；
  b——历时附加参数；
  n——历时指数。

表9-1为若干地区的降雨强度公式。如若设计需要，可查《给排水设计手册》中的暴雨强度公式。

二、重现期

雨水管渠的任务是为了及时排除雨水。雨水管渠的设计一般按若干年出现一次的最大

若干地区降雨强度公式　　　　表 9-1

地区名称	降雨强度公式	地区名称	降雨强度公式
北 京	$q = \dfrac{2111(1+0.85\lg P)}{(t+8)^{0.7}}$	芜 湖	$q = \dfrac{3345(1+0.78\lg P)}{(t+12)^{0.38}}$
上 海	$q = \dfrac{5544(P^{0.3}-0.42)}{(t+10+7\lg P)^{0.82+0.071\lg P}}$	黄 石	$q = \dfrac{2417(1+0.79\lg P)}{(t+7)^{0.7655}}$
佛 山	$q = \dfrac{1930(1+0.58\lg P)}{(t+9)^{0.86}}$	长 沙	$q = \dfrac{3920(1+0.69\lg P)}{(t+17)^{0.86}}$
海 口	$q = \dfrac{2338(1+0.4\lg P)}{(t+9)^{0.65}}$	衡 阳	$q = \dfrac{892(1+0.67\lg P)}{t^{0.57}}$
柳 州	$q = \dfrac{2415 P^{0.34}}{(t+8.24 P^{0.327})^{0.725}}$	广 州	$q = \dfrac{2424.17(1+0.533\lg P)}{(t+11.0)^{0.668}}$
无 锡	$q = \dfrac{1.0579(1+0.828\lg P)}{(t+46.4)^{0.99}}$	汕 头	$q = \dfrac{1042(1+0.56\lg P)}{t^{0.486}}$
苏 州	$q = \dfrac{2887.43(1+0.794\lg P)}{(t+18.8)^{0.81}}$	南 宁	$q = \dfrac{10566(1+0.707\lg P)}{t+21.1^{0.119}}$

降雨量为依据来确定雨水设计流量。这个若干年出现一次的期限,就称为重现期。

降雨重现期 P 是指相等的或更大的降雨强度发生的时间间隔的平均值,一般以年(a)为单位。

如果按重现期为5a的降雨强度设计雨水管渠,则雨水管渠平均5a满流或溢流一次;按重现期为1a的降雨强度设计,平均每年溢流或满流一次。因此,根据一定的重现期 P 设计雨水管渠是合理的。

在不同的地方,积水所造成的危害也不相同。对于工厂区、市中心、重要干道及广场,采用较高的重现期,可以避免因积水而造成较大的损失。现行《室外排水设计规范》规定:工厂区广场及干道的雨水管渠采用的设计重现期为0.5~3a,居住区一般为0.33~2a;对于重要干道或地区短期积水就会引起严重损失的地区,可以采用更高的重现期。

在同一排水地区,也可以采用不同的设计重现期。选用原则主要应视地区建设性质的重要性来考虑决定。设计重现期一般可按表9-2选用。

不同的设计重现期　　　　表 9-2

地 形 分 级		重现期 P 的选用范围(a)
Ⅰ	平 缓 地 形	0.333、0.5、1、2
Ⅱ	溪 谷 地 形	0.5、1、2、3
Ⅲ	封 闭 洼 地	1、2、3.5、个别10、20

注:1.平坦地区系指地面坡度小于0.003。
2.地区重要性分级如下:a.特殊重要地区;b.干管、广场、中心区等;c.一般居住区及一般道路。
3.本表用于平原地区的一般情况,特殊情况及山区另作考虑。

三、降雨历时

从图9-6可以看出降雨强度 i 值随降雨历时 t 的变化而变化, t 越大,相应的降雨强

度 i 越小。

在设计雨水管渠的流量时,首先要确定降雨历时,设计时所采用的降雨历时应等于该管段的集水时间。

设计管段的集水时间,包括地面集水时间 t_1 和管渠流行时间 t_2 两个部分,见图 9-7。由管段 2~3 起点上的集水时间等于地面集水时间 t_1,即由地面最远点 b 到集水点 1 的时间加上雨水在管段 1~2 内的流行时间 t_2。

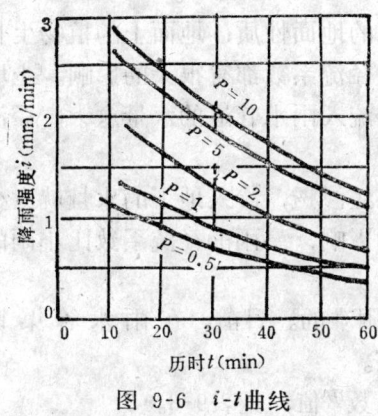

图 9-6 i-t 曲线

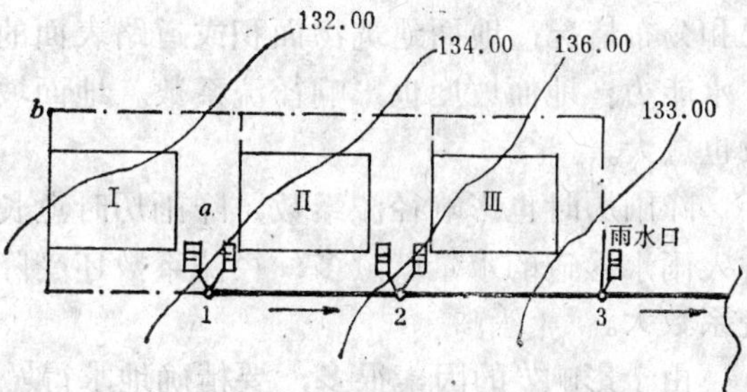

图 9-7 雨水排除示意

地面集水时间是指从集水面积内最远点流到雨水口所需的时间。当降水开始时,只有邻近的雨水口 λ 面积的雨水能进入雨水口 1 断面,降雨持续不断,就有越来越大的 F_A 面积上的雨水逐渐到达 1 断面,这时管段 1~2 内的流量逐渐增加,直到 F_A 内最远点 n 的雨水也到达 1 断面,此时,管段 1~2 的流量到达最大值,这时等于或大于汇水面积最远点的雨水集水时间,就是地面集水时间 t_1。

地面集水时间 t_1 的大小与地形、地面性质、种植情况及汇水面积大小等因素有关。现行《室外排水设计规范》规定:地面集水时间一般采用 5~15min。

雨水在管渠内的流行时间 t_2 可用下式计算

$$t_2 = \Sigma \frac{L}{60V} \tag{9-4}$$

式中 L ——上游各管段的长度(m);

V ——上游各管段的设计流速(m/s);

t_2 ——雨水在管内的流行时间(min)。

由于雨水管渠中水流一开始并没有达到设计流速 V,所以按式(9-4)算出来的 t_2 值偏小,在降雨开始时,管渠系统没有被雨水充满,而是在降雨过程中逐渐充满的,并且每一管段的设计流量都是按一定的降雨历时 t 的降雨强度计算的,所以各管段到达设计流量的时刻不相同。当某些管段到达设计流量时,其它管段,尤其是上游管段不是完全处于满流状态。这样就造成了降雨时管渠中往往有一部分无水的空间,在设计时就可以利用这个无水的空间来暂时容纳一部分雨水,设计流量可以降低,可以采用较大的 t_2。

考虑到以上因素,现行《室外排水设计规范》规定:雨水管渠的设计降雨历时 t,一般按以下公式计算:

明渠
$$t = t_1 + 1.2 t_2 \tag{9-5}$$

暗管 $$t = t_1 + 2t_2 \tag{9-6}$$

根据集水时间 t 和重现期 P 可以求得降雨强度 q，就可以根据公式 $Q = 167\Psi iF$ 求得管段的设计流量。Ψ 是径流系数。

降落在地面上的雨水并不是全部流入雨水管道，其中有一部分雨水渗入到地下。而把沿地面流入管道的部分降雨量称为径流量。径流系数 Ψ 就是径流量与降雨量的比值：

$$\Psi = \frac{径流量}{降雨量}$$

影响径流系数的因素很多，最主要的是排水面积内的地面性质；地面上的植物生长情况和分布情况；地面建筑物面积或道路表面的性质，对径流系数都有很大的影响。土壤的渗水能力、地面坡度也影响径流系数。地面坡度愈大，流入雨水管道的水量愈大，径流系数也愈大。

降雨历时也影响径流系数，降雨历时愈长，地面已经渗透，渗入地下的水量就愈少，流入雨水管道的水量就愈多，径流系数还受降雨强度的影响，暴雨的径流系数比小雨的径流系数大。

由于影响 Ψ 的因素很多，要精确地求得 Ψ 的值是很困难的。目前，在雨水管渠设计中，径流系数往往采用按地面覆盖种类确定的经验数值。

我国现行《室外排水设计规范》中所采用的径流系数 Ψ 值，见表9-3。

单一覆盖径流系数 表 9-3

地 面 种 类	Ψ 值	地 面 种 类	Ψ 值
各种屋面、混凝土和沥青路面	0.90	干砌砖石和碎石路面	0.40
沥青表面处理的碎石路面	0.60	非铺砌土路面	0.30
级配碎石路面	0.45	公园或草地	0.15

四、雨水管渠的设计实例

【例题 9-1】 图9-8为一小型居住街坊，地形西高东低，东侧有一天然河道，常水位17.5m。要求布置雨水管渠，进行水力计算。已知：

1. 粗糙系数：混凝土管 $n = 0.013$，土明渠 $n = 0.025$；
2. 明渠边坡 $m = 1:1.5$；
3. 暴雨强度公式 $q = \dfrac{1976(1 + 0.8\lg P)}{(t + 8)^{0.7}}$。

【解】 1. 确定排水方向和排水出路，顺地形自西向东，排入天然河道。

2. 确定井位，间距50m。

3. 划分计算各管段的汇水面积。因地形坡度较缓，且未给出具体的建筑布置，两井间按顺坡汇流长度30m，反坡汇流长度20m划分。

4. 求算平均径流系数，由表9-4得

$$平均径流系数 = \frac{4.236}{6.51} = 0.65$$

5. 设计降雨重现期，采用0.5a，即

平均径流系数   表 9-4

覆盖种类	面积 F (ha)	单一径流系数	ΨF
屋 顶	2.60	0.9	2.34
道 路	2.91	0.6	1.746
草 地	1.00	0.15	0.15
合 计	6.51		4.236

$$q = \frac{1500}{(t+8)^{0.7}}$$

6. 起点井以上地面汇流长度120m，确定地面集水时间10min。
7. 全线控制高程有三处：
（1）起点覆土1m；
（2）4#西侧与DN300mm自来水管交叉，自来水管外底高程18.70m；
（3）河道常水位17.50m。
根据三个控制高程进行水力计算，见表9-5。
8. 绘制平面图、纵剖面图，见图9-8、图9-9。

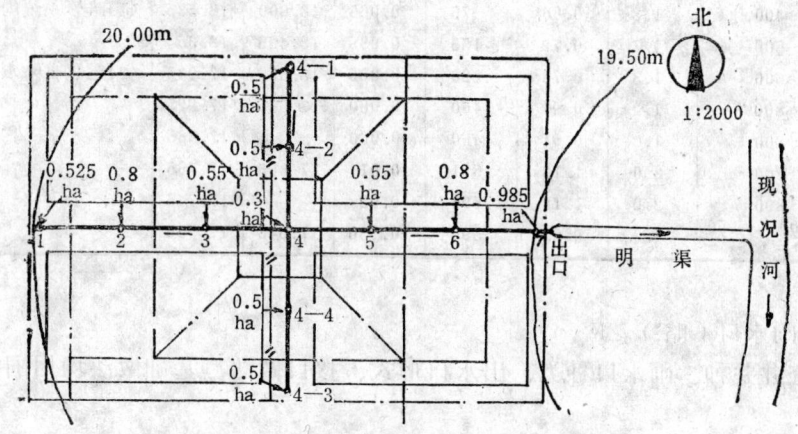

图 9-8 雨水管道平面布置

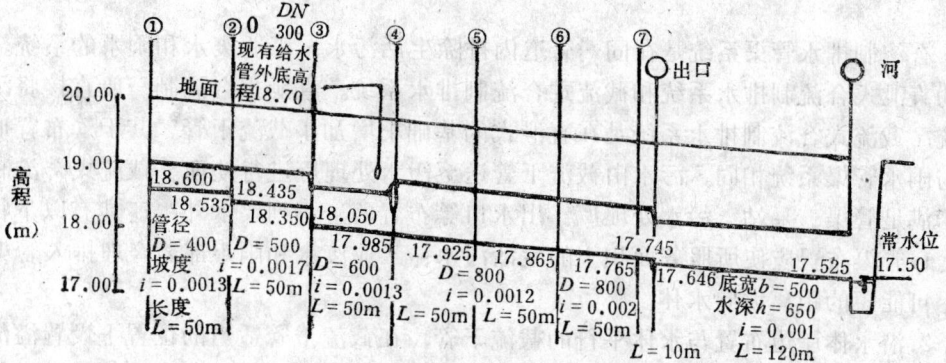

图 9-9 雨水管道纵剖面

雨水管渠计算　　　　表9-5

线段名称或街道名称	线路				汇水面积		径流系数	面积×径流系数		设计降雨			
	管段编号		长度(m)	起点桩号	本段面积(ha)	累计面积(ha)		本段面积×径流系数	累计面积×径流系数	重现期	历时(min)		强度(L/s·ha)
	起	迄									汇流时间	沟内时间	
1	2	3	4	5	6	7	8	9	10	11	12	13	14
	1	2	50	0+310	0.525	0.525	0.65		0.34	0.5	10	2.78	198
	2	3	50	0+260	0.80	1.325			0.86		12.78	2.11	179
	3	4	50	0+210	0.55	1.875			1.22		14.89	2.14	168
	4	5	50	0+160	2.30	4.175			2.71		17.03	1.83	167
	5	6	50	0+110	0.55	4.725			3.07		18.86	1.83	150
	6	7	50	0+060	0.80	5.525			3.59		20.69	1.41	143
	7	出口	10	0+010	0.985	6.51			4.23		22.10	0.28	138
出口		河	120	0+000							22.38		137

设计流量(L/s)	设计管渠							备注
	直径或宽×高(mm)	坡度(‰)	流速(m/s)	流量(L/s)	坡降(m)	内底高程(m)		
						上端	下端	
15	16	17	18	19	20	21	22	23
67	400	1.3	0.60	75	0.065	18.600	18.535	(1)暗管系统沟内时间用m=2
154	500	1.7	0.79	155	0.085	18.435	18.35	
205	600	1.3	0.78	220	0.065	18.05	17.985	(2)避让自来水管跌0.3m
427	800	1.2	0.91	460	0.060	17.985	17.925	
460	800	1.2	0.91	460	0.060		17.865	
514	800	2.0	1.18	591	0.01	17.865	17.765	
585	800	2.0	1.18	591	0.02		17.745	
582	b=500 h=650 m=1.5	1.0	0.62	590	0.130	17.645	17.525	

9.布置雨水口(略)。

10.检查井井种、雨水口种类、出水口形式、接口做法、基础做法均用国家标准图。

第三节 截流式合流制排水管渠

合流制排水管渠系统是在同一管道内排除生活污水、工业废水和雨水的系统。合流制分为直泄式合流制排水系统和截流式合流制排水系统。直泄式合流制一般直接将污水排放河流;截流式合流制排水系统是在直泄式的基础上增加了截流干管。其干管布置形式基本上与雨水管渠系统相同。污水由截流干管送至污水处理厂进行处理。截流式合流制的支管除了满足管渠、泵站、污水处理厂、出水口等布置的一系列要求外,还具有以下特点:

1.管渠布置应使所服务面积上的生活污水、工业废水和雨水都能合理排入管渠,并能以尽可能短的距离坡向水体。

2.沿水体岸边布置与水体平行的截流干管,在截流干管适当的位置上设置溢流井,使超过截流干管设计输出能力的那部分混合污水,能顺利地通过溢流井就近排入水体。

3. 溢流井数目不宜过多,且应当集中。截流式合流制在暴雨初期时溢流的混合污水较脏。为了减少污染,保护环境,溢流井应尽量集中,并且尽可能位于水体的下游。溢流井的位置最好靠近水体,以缩短排放管道的长度。另方面,若从减少截流干管尺寸考虑,溢流井数目多一些可使混合污水及时溢入水体,降低下游截流干管的流量。但溢流井数目太多会增加溢流井和排放渠道的造价,尤其是当溢流井远离水体,施工条件困难,更是如此。溢流井的位置通常设在合流干管和截流干管的交汇处。但为了节省投资及减少对水体的污染,并不是在每个交汇处都设置溢流井,其数目和具体位置应根据当地条件,结合管渠布置进行比较来确定。

4. 在合流制管渠系统上游排放污水的区域内,可将雨水沿地面街道内边沟排泄,则只需设污水管。当雨水不宜沿地面径流时,应设置合流管渠。截流干管高程应在最大平均高水位以上,沿水体岸边布置,便于支、干管的水能顺流流入。

村镇排水工程一般随村镇建设的发展而完善。在我国一些地方尚未兴建排水管渠,污水沿街漫流,严重地影响了环境卫生;另外,一些地方虽然兴建了排水管渠,由于条件的限制,往往采用明渠直接排除雨水和污水到附近的水体,或者采用直泄式合流制。这类排水系统管径偏小,排泄能力不足,系统零乱,缺乏统一规划,出水口各自分散,部分工业废水未加处理直接排入水体,不同程度地污染着水资源。为了改善环境卫生,保护水体,在进行规划时要注意对旧的排水体制进行改造。截流式合流制排水系统在改建中往往起到很大的作用。如将旧的合流制改为分流制,几乎所有的污水出户管及雨水连接管都要改,破坏很多路面,尤其是在旧城区,街道往往窄小,交通流量大,地下管线多,使改建工程施工困难,投资增大,影响面大。这时可以保留其原有体制,沿河岸修建截流干管,将直泄式合流制改为截流式合流制排水系统。

二、设计流量的确定及水力计算

截流式合流制排水系统的设计流量在溢流井上游和下游是不同的,第一个溢流井上游管渠的设计流量Q_2为

$$Q_2 = (Q_s + Q_g) + Q_y = Q_n + Q_y \quad (\text{L/s}) \qquad (9-7)$$

式中　Q_s——生活污水量(L/s);

Q_g——工业废水量(L/s);

Q_y——雨水设计流量(L/s);

Q_n——溢流井前的旱流污水量(L/s)。

旱流污水量Q_n是指生活污水量与工业废水量之和,即晴天时合流制管渠的设计流量。当旱流流量小于雨水设计流量的5%时,其流量忽略不计,因为它的加入不影响管渠的管径和坡度,当Q_n较大时则计入。Q_n可以用来校核按Q_2计算来的管径、坡度、流速,检验管渠在输送旱流流量时能否满足不发生淤积的最小流速的要求。对于合流制管渠流速一般不宜小于0.2~0.5m/s。当不能满足时,应修改设计管渠所采用的断面尺寸和坡度。

生活污水量是采用平均日的平均流量;工业废水是采用最大班内的平均流量;雨水流量按前面所述,其重现期可适当高于同一情况下雨水管渠的设计重现期(一般提高20~25%)。因为合流制管渠中混合污水从检查井溢出街道的可能性还是存在的;而合流制管渠一旦溢出时造成的危害、损失要大得多,对环境的污染更为严重。所以要严格掌握合流制管渠的重现期及容许的最小程度。

溢流井以下管段的设计流量 Q_2' 为

$$Q_2' = (n_0+1)Q_n + Q_y' + Q_n' \qquad (9-8)$$

式中　Q_n——上游转来的旱流污水量（L/s）；
　　　Q_y'——设计管段集水面积内的雨水设计流量（L/s）；
　　　Q_n'——设计管段汇水面积内的旱流污水量（L/s）；
　　　n_0——截流倍数。

截流倍数 n_0 即上游来的最大转输雨水量与旱流污水量之比。计算中首先要决定所采用的截流倍数 n_0。为了使溢流井以下的截流干管管径小一些、造价低一些，宜用较小的截流倍数。但为了保证水体不受污染，又宜用较大的截流倍数。因此截流倍数 n_0 的取值应根据旱流污水的性质、水量情况、卫生方面的要求及降雨情况等因素综合考虑确定。我国一般采用1～5的范围。为了减少污水处理厂的负荷及下游截流干管尺寸，我国规定截流干管上游截流倍数为3，见表9-6。

不同排放条件下的 n_0 值　　　　　表 9-6

序号	排　放　条　件	n_0 值
1	居住区内排入大河流	1～2
2	在居住区内排入小河流	3～5
3	在区域泵站和总泵站前及排水总端部根据居民区内水体的大小	0.5～2
4	在处理构筑物前根据处理方法与构筑物组成	0.5～1
5	工厂区	1～3

当截流倍数 n_0 确定以后，可按式（9-7）算出截流干管的设计流量和通过溢流井溢入水体的流量，作为截流干管与溢流井计算的依据。当截流干管上仅有 n 个溢流井时，上述确定设计流量方法不变。现举例说明如下。

【例题 9-2】　某合流制排水系统的截流管渠，见图9-10，试计算管段的设计流量。已知：溢流井 a 上游的旱流污水设计流量为50L/s，单位面积内径流量公式为 $Q = \dfrac{300}{(5+2t)^{0.65}}$，溢流井 a 的截流倍数 $n_0 = 3$，从溢流井 a 到设计断面 b 的集水时间 $t_{ab} = 100s$，管段 ab 的集水面积为1.5ha，管段 cb 的雨水集水时间为300s，集水面积4.5ha，管段 fb 的旱流流量为60L/s。

【解】　按式（9-8）得

$$Q_{bc} = (n_0+1)Q_n + Q_y' + Q_n'$$

已知：$Q_n = 50\text{L/s}$，$Q_n' = 60\text{L/s}$

$$Q_y' = \frac{300 \times (4.5+1.5)}{\left(5+2\times\dfrac{300}{60}\right)^{0.65}} = 310.34\text{L/s}$$

代入前式得

$$Q_{bc} = (3+1)\times 50 + 60 + 310.34 = 570.34\text{L/s}$$

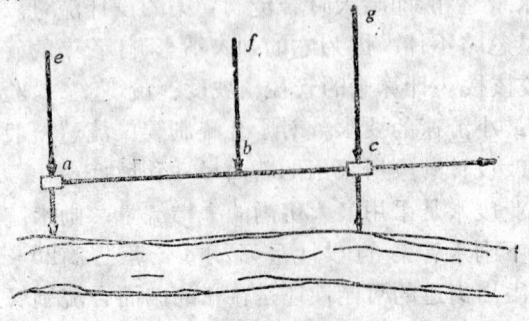

图 9-10　合流制管渠

第四节 排水管材、排水管及其附属构筑物

一、排水管材

排水管材必须具有足够的强度，能抵抗水中杂质的冲刷和磨损；必须具有不透水性，内壁光滑整齐，水力条件好；必须能够就地取材，能够快速施工，以节省管道的造价和施工费用。常用的排水管材有混凝土管、钢筋混凝土管、陶土管、金属管、石棉水泥管以及用砖石、混凝土进行现浇的排水管道。

（一）混凝土管和钢筋混凝土管

排水管材中常用的是混凝土管和钢筋混凝土管，一般可现浇制成或在工厂预制。常见的接口形式有三种：平口式、承插式、企口式，见图9-11。

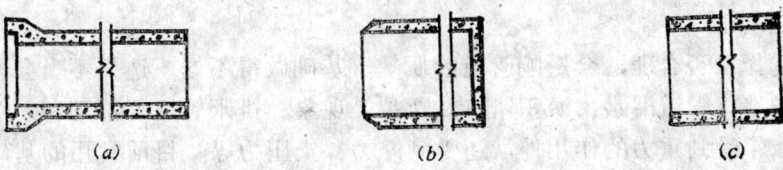

图 9-11 管道的接口
(a)承插口式；(b)企口式；(c)平口式

混凝土管的直径一般不超过600mm，为了增加管子强度，直径大于400mm，一般做成钢筋混凝土管。钢筋混凝土管的优点是，便于就地取材，制造方便，造价较低，耗钢材少，可根据不同的内压分别制成无压管、低压管，适用性较广。缺点是管道的接头较多，自重大，管节短，易受到酸、碱的腐蚀。

（二）金属管

常用的金属管有铸铁管和钢管。室外排水管道很少采用钢管，只有在室外排水管道需要承受较高的压力，或者对渗漏要求严格的地方，才使用金属管材。如穿越铁路、河流的倒虹管往往是金属管材。其主要优点是抗压抗震性好，质地坚固。但是耐腐蚀性差，价格昂贵，金属管的表面须涂防锈漆。

（三）陶土管

陶土管有承插式或平口式两种方式，直径不超过500～600mm，有效长度400～800mm。

陶土管的主要优点是便于制造，内外壁光滑，水流阻力小，不透水，耐磨损，抗腐蚀。缺点是质脆易损，抗弯抗压强度低，不宜埋设较深。它主要用于排除酸、碱、盐等有腐蚀性的工业废水。

（四）排水明渠

明渠是目前在我国普遍使用的方式之一，尤其是在村镇采用较多，常见的断面形式有矩形、梯形等，用普通砖或特殊的楔形砖砌成。主要优点是抗腐蚀性好，便于就地取材；缺点是断面过小时不易施工，现场施工时间较预制管时间长，适用于不宜采用预制管的地方。

二、管道的接口和基础

(一)管道接口

排水管道的不透水性和耐久性往往取决于敷设管道的接口质量。常用的管道接口有：

1. 水泥砂浆接口。此接口在管子接口处用1:2.5～1:3的水泥砂浆，抹成半椭圆形或其它形状的砂浆带，带宽120～150mm。一般适用于地基土质较好的雨水管道，或用于地下水位以上的污水管线上。平口式、承插式和企口式三种形式，均可采用此种接口。

2. 钢丝网水泥砂浆抹带接口。它适用于地基土质较好的具有带形基础的雨水、污水管道。

3. 沥青麻布卷材接口。它适用于地基沿管道纵向沉陷不均匀地带，平口式和企口式均可采用此种接口。

4. 预制套管接口。它适用于地基较弱地段的污水管段接口。在一定程度上，可防止管道纵向不均匀沉降所产生的纵向弯曲或错口。

(二)管道基础

管道基础选择是否合理，会影响管道的质量。基础做得不好，选择不当会使管道产生不均匀沉陷，或造成管道漏水、淤积错口、断裂等现象。排水管道的基础和一般构筑物的基础不同，它除了受到重力的作用外，还受到浮力、土压力等。目前常用的基础有三种：

1. 砂土基础。砂土基础包括弧形素土基础及砂垫层基础。弧形素土基础是在原土上挖一弧形管槽，管子落在弧形管槽里。它适用于无地下水，原土能挖成弧形的干燥土上、管径不大、埋深在0.8～3.0m之间的污水管道。砂垫层基础是在挖好的弧形管槽上，用粗砂填好，使管壁与弧形槽吻合。适用于无地下水，岩石或多石土壤，管径不大，埋深在1.5～3.0m的排水管道。

2. 混凝土基础。混凝土地基是在管道接口处才设置的管道局部基础，通常在管道接口下用C7.5混凝土做成枕式垫块。它适用于干燥土壤中的雨水管及不太重要的污水支管。

3. 混凝土带形基础。它是沿管道全长铺设的基础。按管座的形式可分为90°、135°、180°三种管座基础。适用于各种潮湿土壤，以及地基硬度不均匀的排水管道，常加碎石作垫层。

三、管道系统上的附属构筑物

(一)检查井

检查井的设置是为了便于管道系统的检查和清通。当检查井上、下游的管底高程落差大于1m时，为了防止冲刷，在检查井内应设有消除冲击力的措施，通常称这种特殊检查井为跌水井。

检查井一般采用圆形。由井底、井身和井盖三部分组成，见图9-12。

检查井井底一般用低强度等级混凝土，基础采用碎石、卵石或低强度等级混凝土，井身可用砖石混凝土或钢筋混凝土。井盖可用铸铁或钢筋混凝土，在车行道上一般用铸铁。

检查井一般设置在管渠交汇、转弯、管道尺寸或坡度发生改变的地方，以及一定距离的直线管渠上。一般检查井间的最大间距为：

1. 污水管道：

(1) 管径为150～600mm时，不大于50m；

(2) 管径为700～1400mm时，不大于75m；

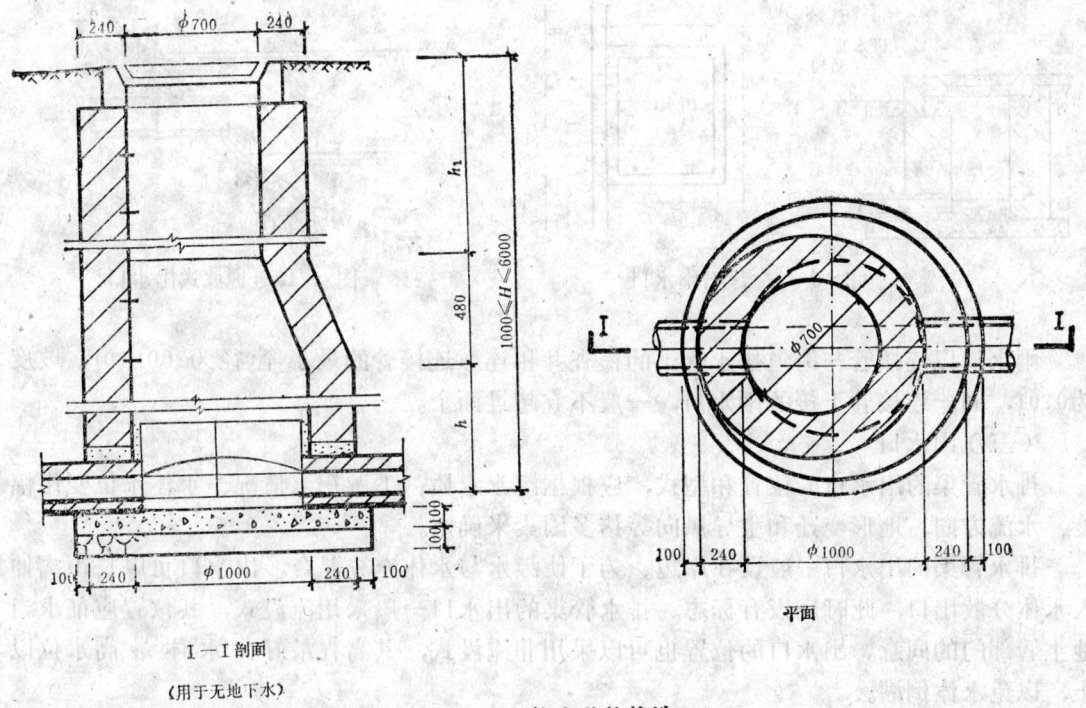

图 9-12 检查井的构造

2.雨水管道：管径小于700mm时，不大于75m。

（二）雨水口

雨水口是在雨水管渠上收集雨水的构筑物。街道路面上的雨水，首先经过雨水口通过连接管进入管渠。雨水口的设置位置一般在交叉口，路边一侧边沟以及设有道路缘石的低洼处。

雨水口的构造包括进水箅、井筒和连接管三部分。雨水口按进水箅可分为两种。

1.边沟雨水口。进水口孔隙与道路边沟之底在同一平面上，见图9-13。

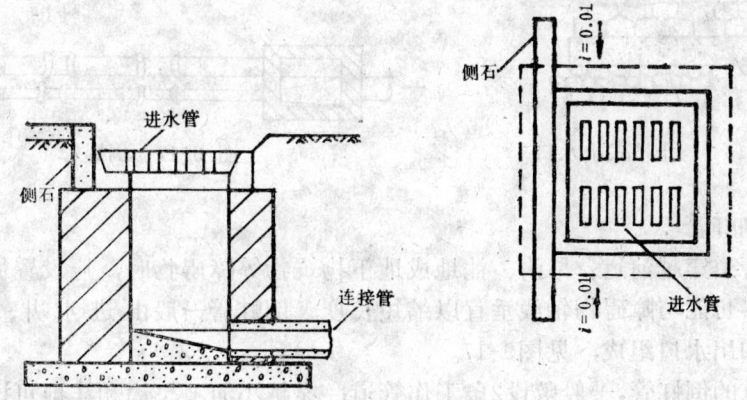

图 9-13 边沟雨水口

2.缘石雨水口。进水口孔隙在道路缘石侧面上，见图9-14。缘石侧面进水孔隙上应设竖挡，以拦阻粗大物体进入雨水口。

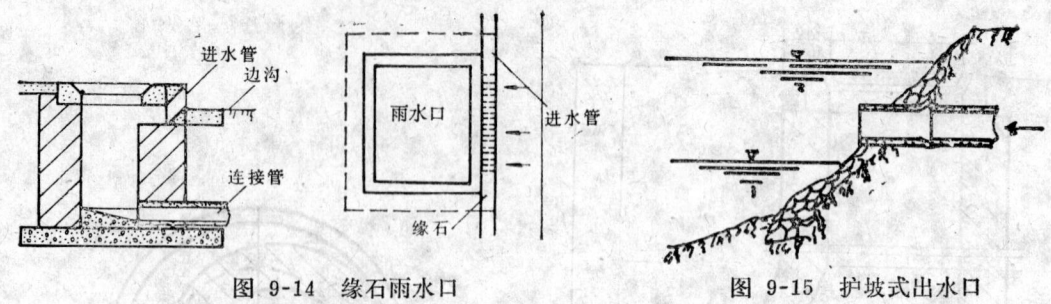

图 9-14 缘石雨水口　　　　图 9-15 护坡式出水口

雨水口以连接管与街道排水管渠的检查井相连。连接管的最小管径为200mm，坡度为0.01，同一连接管上接的雨水口，一般不宜超过两个。

（三）出水口

排水管渠的出水口的位置和型式，应根据污水水质、下游用水情况、水体水位变化幅度、水流方向、地形变迁和主导风向等诸多因素来确定。

排水管渠的出水口一般设在岸边。为了使污水与水体充分混合，出水口可以长距离伸入水体分散出口，此时应设有标志。排水管渠的出水口一般采用淹没式，其位置应征求当地主管部门的同意。出水口的位置也可以采用非淹没式，其高程最好在水体最高水位以上，以免水体倒灌。

雨水管渠出水口与水体岸边连接处，一般做成护坡或挡土墙，以保护河岸及固定出水管渠与出水口。图9-15为护坡出水口；图9-16为挡土墙式出水口。如果排水管渠出口高程与变化水体高程相差很大时，应考虑设置单级或多级阶梯跌水。

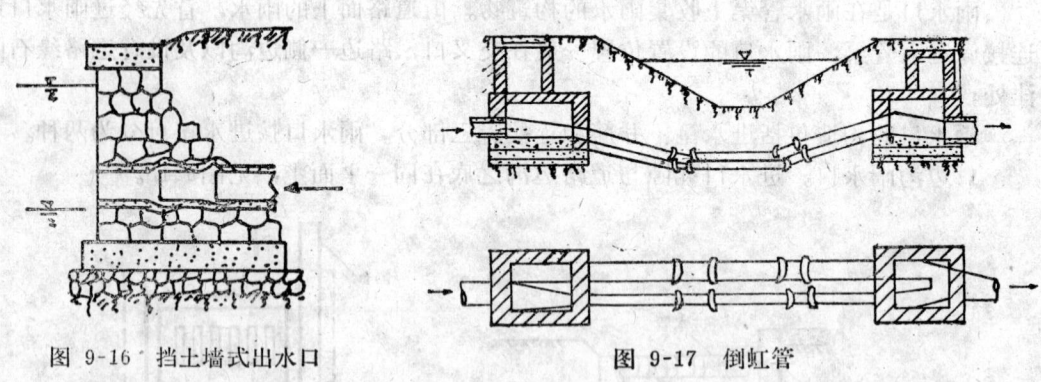

图 9-16 挡土墙式出水口　　　　图 9-17 倒虹管

（四）倒虹管

当排水管道穿越河道、旱沟、洼地或地下构筑物等障碍物时，应设置倒虹管。倒虹管的位置，应尽可能与障碍物轴线垂直以缩短长度。倒虹管一般由进水井、下行管、水平管、上行管和出水口组成，见图9-17。

穿越河道的倒虹管，一般敷设2条工作管道；穿越小河、旱沟和洼地可设一条工作管，穿越重要构筑物（如地铁）的倒虹管应敷设3条，其中2条工作、1条备用。

倒虹管一般采用金属管或钢筋混凝土管。管径一般不小于200mm，倒虹管的水平管外顶至河底距离一般规定不小于0.5m，遇冲刷河床时还应考虑防冲措施。

第十章 污水处理与利用

第一节 村镇污水性质及水体防护

一、村镇污水的性质

村镇污水主要由生活污水和农业废水组成。生活污水成分比较固定，主要含有碳水化合物、蛋白质、氨基酸、脂肪等有机物，比较适合于细菌的生长，成为细菌、病毒生存繁殖的场所；但生活污水一般不含有毒性，且具有一定的肥效，可用来灌溉农田。农业废水的成分则多种多样，不同的季节，不同的地方，不同发展目标的村镇，其废水需要用不同的处理方法。例如，一些以轻纺为发展经济的村镇，排出的废水中就含有变色的废水，电镀厂则排出含有氰化物的废水，造纸厂排出的纸浆，而农田里使用农药等的成分就更为复杂。所以只有根据具体情况来分析其污水的成分。表10-1为生产污水中有害物质的来源。

生产污水中有害物质的来源　　　　　　　　　　　表 10-1

有 害 物 质	主 要 排 放 工 厂
游 离 氯	造纸厂、织物漂白
氰	煤气厂、焦化厂、化工厂
氰 化 物	电镀厂、焦化厂、煤气厂、有机玻璃厂、金属加工厂
氟 化 物	玻璃制品厂、半导体元件厂
硫 化 物	皮革厂、染料厂、炼油厂、煤气厂、橡胶厂
六价铬化合物	电镀厂、化工颜料厂、合金制造厂、冶炼厂、铬鞣制革厂
铅及其化合物	电池厂、油漆化工厂、冶炼厂、铅再生厂、矿山
汞及其化合物	电解食盐厂、炸药制造厂、医用仪表厂、汞精炼厂、农药厂
镉及其化合物	有色金属冶炼、电镀厂、化工厂、特种玻璃制造厂
砷及其化合物	矿石处理、农药制造厂、化肥厂、玻璃厂、涂料厂
有机磷化合物	农药厂
酚	煤气厂、焦化厂、炼油厂、合成树脂厂
酸	化工厂、钢铁厂、铜及其酸洗、矿山
碱	化学纤维厂、制碱厂、造纸厂
醛	合成树脂厂、青霉素药厂、合成橡胶厂、合成纤维厂
油	石油炼厂、皮革厂、毛纺厂、食品加工厂、防腐厂
亚硫酸盐	纸浆工厂、粘胶纤维厂
放射性物质	原子能工业、放射性同位素实验室、医院、疗养院

二、污水的水质指标

污水的水质指标是衡量污水被污染的程度，其主要水质指标是有毒物质、有机物、悬浮物、pH值、颜色、温度等。

（一）有毒物质

有毒物质是指污水中含有能危害人体的各种毒物的成分数量，用mg/L表示。有毒物质大体上可以分为两类：一类是毒性作用明显易引起人体中毒的物质，如氰化物；一类是不易被人们发现，而是通过食物链的聚集作用，在人体内达到一定浓度才呈现出症状，这些危害一经造成，往往会危害许多人，甚至一代人。如水俣病和骨痛病都是属于这种慢性中毒引起的。

（二）有机物质

村镇污水中含有大量有机杂质。当有机杂质进入水体后，在微生物的作用下进行氧化分解，使水中的溶解氧降低，甚至于缺氧，严重影响了水中的鱼类生长。当水中的溶解氧耗完后，水中的有机物进行厌氧分解，直至腐烂放出臭气，使水颜色发黑，严重恶化了生态环境卫生。由于水中有机物成分复杂，测定各种有机物成分和含量比较困难。一般采用BOD即生化需氧量和化学需氧量COD来表示。

1.生化需氧量（BOD）。指水体中有机物在有氧条件下，被微生物分解过程中所消耗的氧量；单位mg/L，即每升污水消耗氧的克数。生化需氧量愈高，表示水中所含有的有机物愈多，可以用总生化需氧量BOD_{20}表示。BOD_{20}是指总生化需氧量在温度20°C条件下，一般含碳有机物需氧化时间为20d。可用BOD_5表示，BOD_5是指污水在5d内的生化需氧量。对于生活污水来说，$BOD_5 \approx 70\%$的BOD_{20}。为了缩短测定时间，实际工作中都以5d的生化需氧量BOD_5为代表。生化需氧量BOD基本能反映出有机物在水体中一般氧化分解所消耗的氧量，比较符合实际。其缺点是测定时间长，不能及时地指导生产；毒性强的废水可抑制微生物的生长。

2.化学需氧量COD。指用强氧化剂——重铬酸钾氧化水中有机物所耗的氧化剂的当量，用mg/L表示。化学需氧量COD可以氧化水中大多数有机物，所以化学需氧量COD的指数一般总是高于BOD。采用化学需氧量的优点是大大缩短了检测时间，并且检测不受水质的影响。但不能反映出被微生物分解的有机物的量。

3.固体物质。指水中呈固体状态的物质。在水中呈悬浮或漂浮状态的非溶解性固体称悬浮固体，是污水的主要污染指标。在水中呈溶解状态的物质及溶解性盐类称溶解固体。溶解固体随污水渗入土壤后将使土壤逐渐盐化、板结。悬浮固体与溶解固体总称为总固体。单位均用mg/L表示。

4.酸碱度。水中酸碱的程度。用pH值表示。pH值是氢离子浓度倒数的对数。pH值范围为1～14；pH＝7为中性，pH＜7为酸性，pH＞7为碱性。pH值的大小对水中生物及细菌的生长有很大的影响。pH＜5和pH＞9时，均能使一般鱼类死亡。生活污水一般多数为中性或弱碱性，工业废水不少呈强酸或强碱性，所以要严格控制工业废水中含酸、碱废水排入水体。

5.色、味、温度。村镇污水带有颜色和臭味，影响水中物体状况及使用价值。如温度过高的冷却废水直接排入河流会影响鱼类的生长，必须经过降温后排放。

三、水体的防护

污水的最终出路有三种，即排入江、河、湖泊，灌溉农田或重复使用。没有经过处理的污水直接排放到水体，会使水体性质发生改变。江、河、湖泊等水体对污水有一定的稀释能力，通常把水体的这种能力叫水体的自净。水体的自净是有一定限度的。自净的过程是很缓慢的。随着生产的发展，污水量将不断增加，污水的成分日益复杂，各种各样的污水排入水体后，会造成上游河流受到污染没有得到净化，又再次受到下流河流附近工厂排放污水的污染，以致使整个河流始终处于污染状态。长此下去，水体水质会逐渐变坏，如变黑、变臭，溶解氧减少，各种有毒重金属离子增多，会给人们的生活带来很大的危害。

1. 对人体健康的危害。污水中致病的病毒、病菌、寄生虫到人体中易引起疾病蔓延，含有各种有毒物体会引起人体中毒。

2. 对农业生产的危害。污水中存在大量的溶解固体，如溶解盐；污水流入农田会使溶解盐聚存于土壤之中，而使土壤逐渐盐化。一些污染物含量过多，影响农作物的生长，甚至于中毒，不能食用。

3. 对渔业的危害。水中有毒物质会使鱼类中毒，或积存于鱼体，通过食物链的作用对人体产生危害。同时水中溶解氧缺乏，鱼会窒息而死，造成许多地方"地上无草，水中无鱼"的荒凉景象。

水体是国家的主要资源，在人民生活与经济建设中起到重大的作用。水体的污染正逐步引起人们的关注。为了保证人民生活、工业生产的用水，防止水体污染是目前刻不容缓的工作。水体防护可从三个方面考虑：

1. 加强水质管理，严格控制污水的排放。污水事先应经过处理后才能排入水体；当污水排入地面后，下游最近的用水点的水体水质应符合表10-2的规定和要求。

地面水水质卫生要求　　　　　表 10-2

指　　标	卫　生　要　求
悬浮物质、色、嗅、味	含有大量悬浮物质的工业废水，不得直接排入地面水体，不得呈现工业废水和生活污水所特有的颜色、异臭或异味
漂浮物质	水面上不得出现较明显的油膜和浮沫
pH值	6.5～8.5
生化需氧量(5d·20℃)	不超过3～4mg/L
溶解氧	不低于4mg/L
有害物质	不超过规定的最高容许浓度
病原体	含有病原体的工业废水和医院污水，必须经过处理和严格消毒，彻底消灭病原体后方准排入地面水体

注：1. 最近用水点是指排出口下游最近的城镇、工业企业集中式给水取水点上游1000m断面处，或农村生活饮用水集中取水点。
2. 在城镇、工业企业集中给水取水点的上游1000m及下游100m的范围内，不得排入工业废水和生活污水。
3. 地面水的流量应按最枯流量或95%保证率的最旱年最旱月的平均小时流量计算。污水按排出时最高小时流量计算。

2. 在"防"上下功夫。改革生产工艺，发展无污染新工艺，重复利用废水，回收有害物质，减少污水排放量。如在电镀工业方面实行无氰电镀和微氰电镀，消除或减轻氰化物的污染；对造纸废水回收纸浆废液，利用回收的碱。

3. 综合治理建立小型污水处理厂。工业废水在厂内经过必要的处理后，再排入排水管网与生活污水共同处理。还可考虑合理利用环境的自净能力，以减轻污水处理投资，节省能源。

第二节 污水处理技术

污水处理技术，就是采用各种方法将污水中所含有的污染物分离出来，或将污染物转化成无害物质，从而使污水得到净化。按照其作用来分可分为物理法、化学法和生物法三种。

物理法是通过物理的作用，分离去除水体中呈悬浮状态的物质，在处理过程中不改变化学性质。常用的有重力分离、离心分离、反渗透、气浮等。

化学法是利用化学反应来分离、回收污水中的污染物，使其转化为无害物质。属于化学法的有混凝法、中和法、氧化还原、离子交换法等，多用于工业废水。

生物法是利用微生物新陈代谢功能，使污水中呈溶解和胶体状态的有机污染物被降解并转化为无害物质，使污水得以净化。属于生物法的有活性污泥法和生物膜法。

污水处理按处理程度，可分为一级处理、二级处理和三级处理。一级处理主要是去除污水中呈悬浮状态的固体物质，常用物理法。一级处理后的废水BOD去除率只有20%，仍不宜排放，还须进行二级处理。二级处理的主要任务是大幅度去除污水中呈胶体和溶解状态的有机物，BOD去除率为80～90%。一般经过二级处理可以达到排放标准，常用生物膜处理法。三级处理的目的是进一步去除某种特殊的污染物质，如除氟、除磷等，属于深度处理。

一、村镇污水的物理处理

村镇污水中通常含有相当数量的不溶解的污染物质，常用筛滤、截留和沉淀等物理处理等方法。其处理构筑物有格栅、沉砂池、沉淀池等。

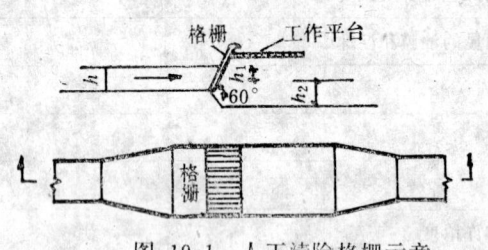

图10-1 人工清除格栅示意

（一）格栅

格栅在污水处理中，对其后的处理构筑物或水泵机组具有保护作用。它一般由一组平行的金属栅条制成的挡条，斜置在污水流经的渠道上，或者在泵站集水池的进口处，用以截留大块的悬浮物或漂浮状态的污物。

格栅的栅条常用扁钢或圆钢条制作。栅条间距因污水类型不同而不同，对于村镇污水一般采用16～25mm。截留在格栅上污物的清除方法有人工清除和机械清除两种，见图10-1。小型污水厂一般采用人工清除。

（二）沉砂池

沉砂池一般设置在沉淀池之前，是一种预备性处理构筑物，很少作为独立处理构筑物使用。其作用是去除污水中的砂粒、煤渣等无机物，防止易沉固体进入沉淀池，保证沉淀池正常工作。沉砂池一般可以分为平流式、竖流式和旋转式。其中常用的是平流沉砂池。它的截留效果好，工作稳定，构造简单，易于排放砂粒。图10-2为平流沉砂池，池中水流部分，实际上是一个加宽的明渠，在其两端设有闸板，以控制水位。池底是杂粒贮斗，下段沉砂管，开启砂斗的闸阀后即将沉砂排出。

平流沉砂池设计指标：设计流速为0.30～0.1m/s。污水流过池子的时间小于30s，有

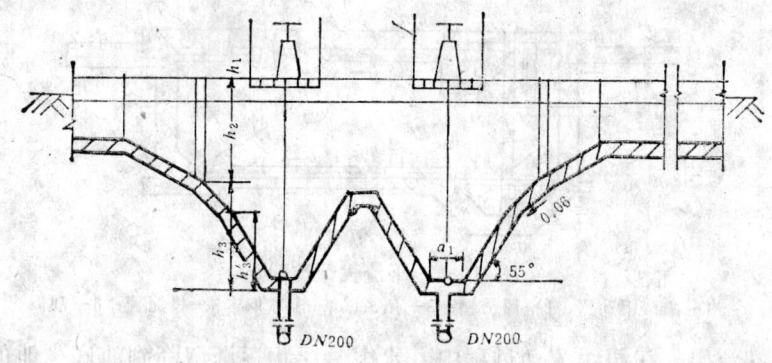

I—I 剖面

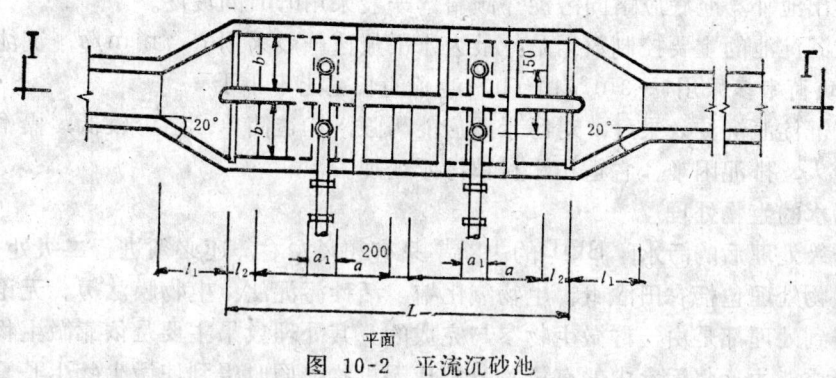

平面

图 10-2 平流沉砂池

效水深应不大于1.2m,每格宽度不小于0.6m,池底一般为0.01~0.02的坡度。

（三）沉淀池

沉淀池的作用是使原水中固体颗粒依靠重力作用，从水中分离出来沉淀在池中。水在池中沉淀时间一般为1~2h，流动速度慢，能有效地去除污水中的固体物质。生活污水经过沉淀后，悬浮物去除率约为50~55%。

根据池内水流方向，沉淀池可分为平流式，辐流式和竖流式三种，见图10-3。每种沉淀池都由三部分组成，即水流部分，污水在此流过，悬浮物逐渐分离；沉淀部分，积聚已沉下的污泥，定期排出池外；缓冲层，是分离污泥和水流部分，使已沉淀下来的悬浮物不受水流的影响。

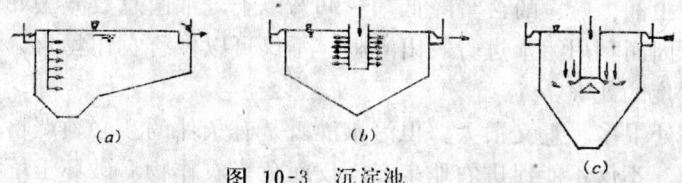

图 10-3 沉淀池
（a）平流式沉淀池；（b）辐流式沉淀池；（c）竖流式沉淀池

平流式沉淀池是一个长方形的池子，见图10-4。污水从池子的一端沿水平方向在池内

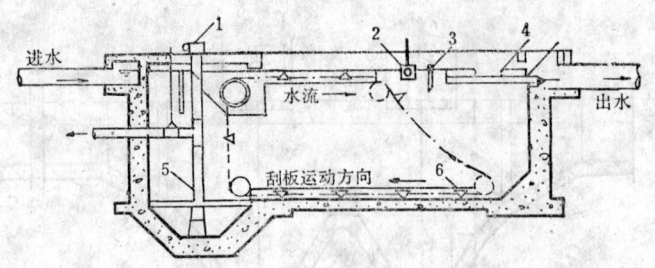

图 10-4 平流式沉淀池
1—集渣驱动器；2—浮渣槽；3—挡板；4—出水堰；5—排泥管；6—刮板

流动，从另一端流出。在缓缓流动过程中，水中悬浮物逐渐沉降到池底。池的末端设有出水槽，被澄清后的水通过出水槽溢出池外。

出水槽前面设有出水挡板，用以挡截和排除水面的浮渣。污泥斗设于沉淀池的前部。池底的污泥通过刮泥机的刮板刮入污泥斗。当开启排泥阀时，污泥在静水压力的作用下，经排泥管排出池外。池底应略向污泥斗倾斜，一般采用0.01的坡度。

平流式沉淀池的主要控制数据是：最大水平流速一般采用 $5\sim 7mm/s$，沉淀时间 $1\sim 2h$，表面负荷率多采用 $1\sim 3m^3/m^2\cdot h$，池子的长宽比不小于 4。

平流式沉淀池沉淀效果好，对污水适应能力强，构造简单，造价较低，操作管理方便。但占地大，排泥困难。它适用于村镇污水处理。

二、污水的生物处理

经过一级处理后的污水，BOD的去除率只有20%左右，还必须进行二级处理，即生物处理。生物处理包括农田灌溉、生物氧化塘、活性污泥法、生物膜法等。无论哪一种方法，污水得到处理都是由一群微生物参与完成的。其处理效果主要是依靠微生物的氧化分解、还原合成能力，将污水中的有机物分解成无机物；同时得到使微生物生长繁殖的营养与能量，最终使污水得以净化。

（一）污水灌溉

污水灌溉是天然生物处理的应用，也是污水综合利用的出路之一。

污水在农田里的净化过程：污水通过土壤时，土壤将污水中处于悬浮及胶体状态的物质截留下来，并在土壤颗粒表面形成生物膜。生物膜内有大量微生物，能吸附污水中有机物质，并且利用渗入土壤空隙中的氧气，将有机物氧化成无机物，使污水得以净化。在这个过程中所产生的无机物和放出大量的能量，都是作物生长所需要的养分。此外，污水在灌渠和大田中，也有沉淀、天然曝气等系列自然净化的作用。

据有关资料介绍，当污水在农田里停留3~5d，一般可去除悬浮物75~90%，BOD_5 70~90%，污水中油、硫、酚含量降低70~90%以上，细菌总数减去98%以上，绝大部分蛔虫卵被杀死。因而利用污水进行农田灌溉，不仅可以供给农作物水分和肥料，同时还使污水得到一定程度的处理。

污水灌溉好处很多，意义很大。但污水灌溉是有条件的，必须严格控制灌溉污水的水质。若控制不当，不仅不能促进农业生产，反而危害农作物，破坏土壤结构，污染地下水源和河流等。因此，采用污水灌溉，其水质应符合《农田灌溉用水水质标准》（TJ24—79）中的有关规定，见表10-3。

农田灌溉用水水质标准　　　　　　　　表10-3

编号	项目	标准
1	水温	不超过35°C
2	pH值	5.5～8.5
3	含盐量	非盐碱土农田不超过1500mg/L
4	氯化物(按Cl计)	非盐碱土农田不超过300mg/L
5	硫化物(按S计)	不超过1mg/L
6	汞及其化合物(按Hg计)	不超过0.001mg/L
7	镉及其化合物(按Cd计)	不超过0.005mg/L
8	砷及其化合物(按As计)	不超过0.05mg/L
9	六价铬化合物(按Cr^{+6}计)	不超过0.1mg/L
10	铅及其化合物(按Pb计)	不超过0.1mg/L
11	铜及其化合物(按Cu计)	不超过1.0mg/L
12	锌及其化合物(按Zn计)	不超过3.0mg/L
13	硒及其化合物(按Se计)	不超过0.01mg/L
14	氟化物(按F计)	不超过3mg/L
15	氰化物(按游离氰根计)	不超过0.5mg/L
16	石油类	不超过10mg/L
17	挥发性酚	不超过1mg/L
18	苯	不超过2.5mg/L
19	三氯乙醛	不超过0.5mg/L
20	丙烯醛	不超过0.5mg/L

注：1.放射性物质的标准，应按现行的《放射防护规定》中关于露天水源中放射性物质限制浓度的规定执行。
　　2.本资料来源：农田灌溉水质标准TJ24—79(试行)。

污水灌溉的方法一般分为三种。

1.畦灌。即将污水进入种植作物的田畦后，以薄层沿地表流动，在流动过程中渗入土壤。这种方法农作物与污水直接接触，卫生条件较差，易使土壤表面板结。它适用于窄行间距的速生蔬菜如菠菜、油菜和小麦等密生大田作物。

2.沟灌。即污水在沟内流动过程中，渗入渠底和渠壁，使土壤结构处于良好状态，不直接接触农作物，卫生条件好。适用于宽行间距中耕作物，如棉花、玉米等。

3.淹灌。即在农田表面积蓄较深的污水层，让污水逐渐下渗到地下。这种方法适用于水稻及其它水生蔬菜，如芹菜等。

（二）生物氧化塘

生物氧化塘又名氧化塘，它是利用自然地形或稍加人工修整的浅水塘。在塘中，藻类与细菌有着共存的关系。藻类光合作用产生氧气，供细菌净化分解有机物。细菌在分解过程中所产生的二氧化碳又供藻类进行光合作用。此外大气中氧气也溶解于塘水中，使水中溶解氧比较充足，从而加速氧化塘的自然生化处理过程。

氧化塘根据塘内生长繁殖的微生物类型及供氧方式分为四种。

1.好氧氧化塘。塘内深度较浅，一般为0.5m左右，阳光能透入池底，主要由藻类供氧，全部塘水呈好氧状态，由好氧微生物起污水净化作用。见图10-5。好氧氧化塘具有许多优点，有机污染物降解速度快，污水在塘内停留时间短，一般仅3～4d。

2.兼性氧化塘。塘水较深，一般约为1.0～2.0m，见图10-6。在塘的上层，阳光能够

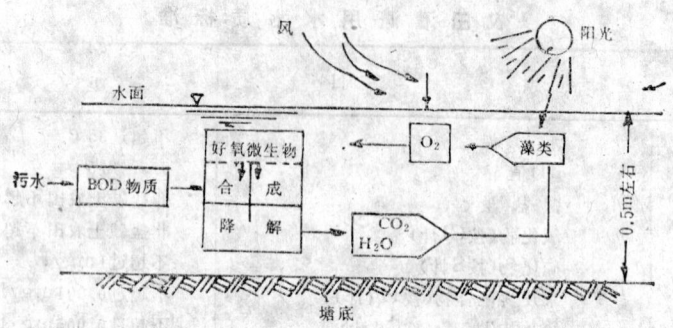

图 10-5 好氧氧化塘功能模式

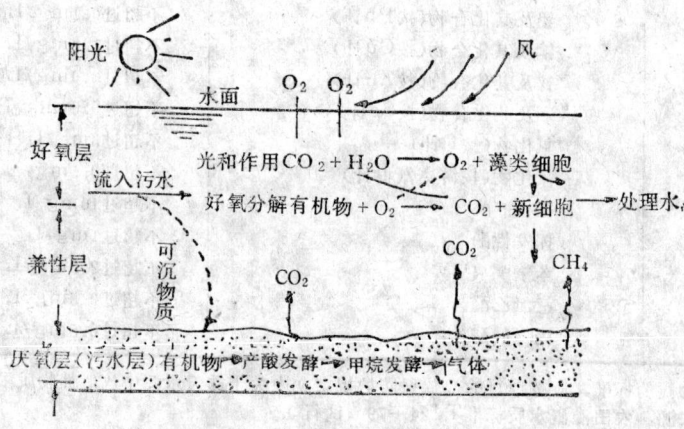

图 10-6 兼性氧化塘功能模式

照射透入的部位，为好氧层，其所产生的变化与好氧塘相同，由好氧异氧微生物对有机污染物进行分解；在塘的底部，由沉淀的污泥、衰死的藻类和菌类形成了污泥层。这层里由于缺氧，则由厌氧微生物起主导作用进行厌氧发酵，称为厌氧层。

在好氧与厌氧层间，存在着一个兼性层。在这里溶解氧量低，时有时无，一般白天有溶解氧存在，而夜间处于厌氧状态。在这层里存活的是兼性微生物。这类微生物既能用水中游离的氧，又能在厌氧条件下生存。兼性塘是应用最广泛的一种氧化塘。

3.厌氧塘。塘深在 2 m 以上，有机污染物负荷高，整个塘水呈厌氧状态，净化速度慢，污水停留时间长，适用于高浓度、高温的有机废水的处理，如屠宰、制浆造纸、食品、制革等工业废水。

4.曝气氧化塘。是经过人工强化的氧化塘，塘深 2 m 以上，在塘水表面安装筒式曝气机，补充氧气，全部塘水呈好氧状态，污水停留时间较短。它改进了氧化塘的缺点，又保留了氧化塘的优点。

由于氧化塘具有构造简单、易于维护管理、污水处理效果好、节省能源等优点。近年来得到了广泛的应用，尤其适合于湖泊、塘多的南方村镇。应用较好的有建于湖北省鄂城县鸭儿湖氧化塘，用于处理农药废水。

氧化塘建设时，可以充分利用农业开发价值不高的旧河道、沼泽地、峡谷等地段；或者与农田灌溉相结合，形成氧化塘——污水灌溉系统；或者与养鱼结合，形成氧化塘——

养鱼塘系统。既可以治理污水，又具有一定的经济效益。

利用氧化塘养鱼，放养的鱼种应以动物性浮游生物为食料的鱼类为主，如鲢、鲤、鲫等。生活污水适合养鱼，污水中大量的有机物可充当鱼饵。在光合作用下，塘水中溶解氧充足，是各种微型生物和甲壳虫类的动物性浮游生物繁殖的好环境。利用这种环境可逐步形成藻类 ⟶ 动物性浮游生物 ⟶ 鱼类的食物链。这样，既净化了污水又可使鱼类生长，一举两得。但是，生活污水在排放之前，应加以适当处理。鱼塘在冬季放空、干燥，清除塘泥，并在塘底撒石灰，防治鱼类寄生虫病。春天向鱼塘放鱼时，首先放入清水，将鱼种投入后，再缓慢地放入污水。捕捞前停止放入污水。

三、活性污泥法

活性污泥是由大量的各种各样的微生物和一些杂质纤维等互相交织在一起组成的微生物集团。活性污泥具有沉降、吸附以及氧化分解有机物的能力，是活性污泥法处理污水的主体。

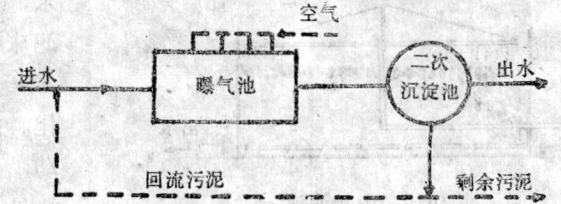

图 10-7 活性污泥法的基本流程

活性污泥的基本流程，见图10-7。它的主要构筑物是曝气池和二次沉淀池。经过初次沉淀池进行预处理的污水，其中大部分悬浮物已被除去，然后再进入曝气池。运行开始时，先在曝气池内注满污水，进行曝气，培养出活性污泥。产生活性污泥后，就可以连续运行。曝气池中活性污泥和污水混合液不断排出，流至二次沉淀池；沉淀下来的活性污泥则回流到曝气池，用来分解氧化污水中的有机物。在正常生产条件下，活性污泥不断进行新陈代谢，不断地增长，增长到一定数量后，应予以排除。排除的这部分污泥叫剩余污泥。

活性污泥法是一种好氧生物处理过程，必须有充足的氧，供氧是由曝气过程来完成的。曝气有压缩空气曝气法和机械曝气法两种。

压缩空气曝气是利用压缩空气的曝气，常采用长方形的池子。每个池子的平面形式，通常由两折或三折的廊道式池子组成，见图10-8。它的横断面呈长方形，曝气装置多沿池内一侧布置。曝气时由于气泡在池中造成密度差，产生旋流，组成旋转推流，增加气泡和水接触的时间，提高了氧的转移效率。根据曝气装置的位置不同可分为浅层、中层和底层曝气三种形式。

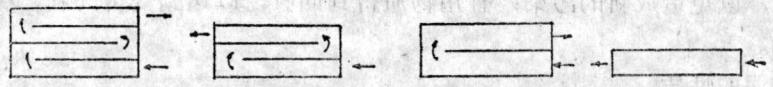

图 10-8 曝气池廊道

曝气系统有穿孔管、竖管、射流、扩散等布气方式，采用较多的是穿孔管和竖管。穿孔管采用钢管或塑料管，穿孔管上的孔眼直径一般为2~3mm。孔眼开于管的下侧与垂直面成45°夹角，其间距10~15mm。采用底层曝气时，穿孔管一般高出池底100~200mm。穿孔管上接风管，风管中空气由鼓风机提供。

为了防止短流，曝气池长度与宽度之比大于4，宽度与有效水深之比一般为2:1；有效水深最小为3m，最大为8m。池的超高一般为0.5m。

四、生物膜法

生物膜法是土壤自净的人工化，利用生长在固体滤料表面的生物膜来处理污水的方法。生物膜即由大量各种各样的微生物和杂质结成的薄膜。通过污水与生物膜的接触，生物膜上的微生物摄取污水中有机污染物为营养，从而使污水得以净化。最常见的处理构筑物为生物滤池。

图10-9为生物滤池的构造，由滤床，布水装置和排水设置组成。经过预沉处理的污水，通过布水器均匀地分布在滤床表面。滤床中装满了石子等滤料，滤料表面覆盖着一层生物膜，水通过生物膜时得以净化。污水沿着滤料中的孔隙自上而下流动，在池底经泄水装置进入排水渠，流至池外。

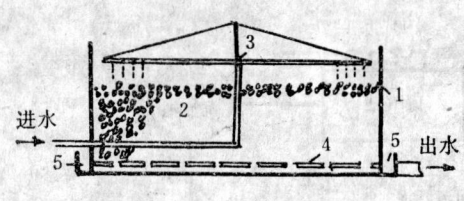

图 10-9 生物滤池
1—池体；2—滤料；3—布水器；4—渗水装置；5—排水渠

滤床由池体和滤料组成，池体起维护滤料作用，应能承受水和滤料的压力，一般用混凝土（毛面）和砖砌成。池壁应高出滤料0.5m，以防风吹影响污水在滤床表面的均匀分布。滤料是生物滤池的主要组成部分，直接影响污水的处理效果。滤料应具坚固耐磨，表面积大，空隙率高等特点。常用的滤料有卵石、炉渣、焦炭等。

布水装置应达到均匀布水的要求。常用的布水装置有固定式和旋转式两种。旋转式布水器使用广泛，污水以一定压力流入池中央固定布水竖管，再流入布水横管。横管直径一般为50~250mm。横管布水小孔孔径为10~15mm，距滤料表面高150~250mm。横管可绕竖管转动，适用于圆形滤池。

排水设置包括渗水装置和排水渠，渗水装置的作用是支撑滤料，并将滤后的水沿空隙排入水渠。

第三节 污泥的处理与利用

在污水处理中，会产生一定的污泥。污泥中含有大量的有毒物质，如细菌、病原微生物、寄生虫卵以及重金属离子；有机物质如氮、磷、钾。污泥很不稳定，要使有毒物质及时得到处理；以免造成新的污染；有用物质得到回收，以达到变害为利，综合利用，保护环境的目的。

一、污泥的性质

污泥一般含水率高，约为96~99.8%，比重接近于1。污泥可以分为污泥和沉渣两类。以有机物为主要成分的称为污泥，污泥易发臭，二次沉淀池排出的污泥属于这类；以无机物为主要成分的称为沉渣，从沉砂池、初次沉淀池排出的污泥属于这类。

污泥的性质指标包括：

1. 污泥中有机物和无机物的含量。污泥中有机物的含量多少，反映了污泥的含热量、生化需氧量及硝化程度等。

2. 污泥的含水量。污泥的体积与含水率的关系可用下式表示：

$$\frac{V_1}{V_2} = \frac{100-P_1}{100-P_2}$$

式中 P_1、P_2——污泥含水率（%）；

V_1——含水率为P_1时的污泥体积（m³）；

V_2——含水率为P_2时的污泥体积（m³）。

3.污泥的肥分。污泥中含氮、磷、钾及其它微量元素，可作肥料利用。

4.污泥的燃烧价值。污泥中可燃烧的部分，可为污泥焚烧作燃料。

5.有毒成分。对污泥中有毒成分进行分析，测定含量，以便采用相应的处理方法。

二、污泥的浓缩

污泥中含有大量的水分，体积很大，给污泥处理、利用、输送带来了不便，需要进行浓缩，常用的方法有：

1.污泥浓缩。初步降低污泥的含水率，去除污泥颗粒间的水分。常用的方法是重力浓缩法，相应的处理构筑物为重力式浓缩池，见图10-10。

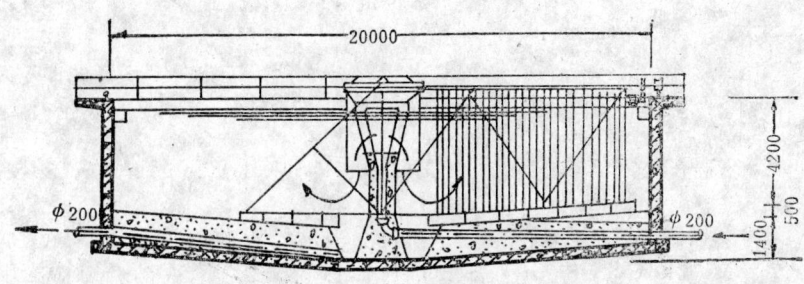

图 10-10　重力式浓缩池

2.污泥脱水。浓缩后的污泥仍呈流态。为了把流态变成固态污泥，还要进行干化处理。常用的有自然干化和机械脱水两种。

自然干化是利用一块渗透性好的平坦场地，将污泥置于场地上，铺成薄层，利用自然蒸发和渗透作用使污泥逐步变干，体积缩小，如湿润的土壤。其优点是方法简单，适用于村镇污泥的干化。其缺点是卫生条件差，易受天气影响。

机械脱水是利用机械作用使污泥脱水。常用的有板框压滤机和真空过滤机。其优点是效率高，环境卫生好，不受天气的影响。

3.污泥焚烧。这是污泥最终处置的一种方法，采用焚烧炉进行焚烧。污泥焚烧后，有机物完全被破坏，不能作肥料。

三、污泥消化和利用

污泥消化是污泥处理的有效方法之一。污泥中的有机物在厌氧菌的作用下，分解为甲烷、二氧化碳。经过消化后的污泥改变了其原来的物质性质和化学成分。致病菌和寄生虫卵大大减少，提高了污泥的稳定性，增加肥效，污泥中硝化所产生的甲烷可当作沼气利用。

在村镇，可充分利用人们生活和生产中产生的有机废弃物，如村镇造纸、制革、制糖、酿酒的有机废液和废渣；居民的生活污水和污泥；农场及牧场中的牲畜粪便以及垃圾等废弃物来产生沼气。这不仅能变废为宝，还可利用作为能源。

利用污水、污泥中有机物产生沼气，在乡村得到了广泛的应用，尤其是在平原地区。污泥消化是有机物厌氧处理过程，见图10-11。污泥中有机物经过酸性发酵和碱性发酵两个过程，在酶的作用下，先进行水解；再在产酸菌的作用下，分解成有机酸、醇等；在分解的后期由于甲烷菌的作用产生沼气。其主要成分是甲烷，还有二氧化碳。

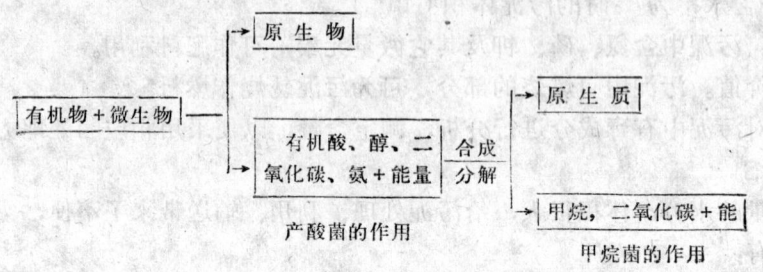

图 10-11 厌氧有机物处理过程

第十一章 村镇给水排水方案技术经济比较

村镇给排水工程的规划，应符合国家经济建设的方针政策，满足村镇总体规划的要求，力求做到技术可行，节省投资，施工期短，节约能源，管理方便。在规划设计中，通常提出几个可行方案，进行技术经济分析比较，决定最佳方案。

给水排水工程规划的方案是否合理，是给排水工程的基础，对工程质量起着决定作用，也是规划设计中重要的一环。方案合理是指方案在满足生产使用的要求上，采用技术措施上，远近期结合上以及其它项目的配合关系上合理。经济即指方案的基建投资与年经营费用经济。另外，方案还要体现党的方针政策，最后根据经济、技术等各方面的比较结果，提出使用方案。

第一节 给排水工程方案技术比较

一、给水工程方案技术比较

在给水工程规划中，采用地面水源还是采用地下水源；全区采取统一给水还是分区、分质、分压供水；选取一个水源还是多个水源，水厂的位置选在靠近水源还是邻近用户；采取树状管网布置干管还是环状管网，或者是环状与树状相结合的管网；输水主干管是单线还是双线；以及设置二级泵站水塔、水箱等都可构成不同的方案。具体那一种方案在技术上最合理，就应进行比较，主要考虑以下几个方面：

1. 满足生产、生活使用要求。给水系统要能保证需要的水量及符合用水单位对水质、水压方面的要求，并且能适应村镇将来发展的需要。

2. 符合村镇总体规划的要求。村镇总体规划中应充分利用水源，合理选择取水位置。对原有的给水设施是否充分利用，分期建设安排是否合理，方案是否具有灵活性，能否扩建等，均要根据村镇总体规划来考虑。

3. 供水安全可靠。选择的水源是否充沛；水质是否良好；给水系统在生产运转上，考虑消防用水和校核在事故时能否及时供水且保证水量，尤其是在不允许间断供水的车间、宾馆要采用可靠的管路布置形式。

4. 符合卫生方面的要求。水源要进行防护。水源上、下游有无污染水体的工厂及其它物体；给水进水口与污水、工业废水出水口的间距多大等，都要满足环境保护的有关规定。

5. 技术与施工方面的要求。是否采用先进的处理设备和完善的流程，出水能否满足生活饮用的标准。基建施工安装的条件是否方便，施工机械化程度及施工期限的长短，施工人员技术要求。

6. 在给水管网布置上，管线是否最短、扬程合理；管径能否适应发展的需要；管道布置是否安全，埋深是否恰当。

7. 在经营与维护管理上，要着重考虑运行是否方便；所需电力、药剂主要材料是否可以解决；交通是否畅通等问题。

二、排水工程方案技术比较

在排水工程规划中，所采用的体制是分流制还是合流制；管渠布置是采取平行式还是截流式或其它形式；主干管走向和污水处理厂厂址位置是否合理；出水口是分散式还是集中式；出水口的位置；某些大工厂的工业废水的处置方式、村镇污水处理的程度及其所采用的工艺流程等均可组成许多不同的方案。所以对于同一个排水区域，虽然排水的流量相同，排水的范围相同，排水的自然条件相同，仍需进行方案技术比较，明确每个方案的优缺点，以便选择。一般从以下几个方面为主进行比较：

1. 满足环境保护方面要求。在排水规划中，对于所选取的排水体制、污水处理程度、污泥处理方法、污水处理流程选择、污水处理厂厂址及出水口的位置与给水取水口的关系以及废水量大的工厂或水质特殊的工业企业的污水处理，均应满足环境保护的需要。

2. 与村镇总体规划的关系。对于管渠布置、主干管走向、污水口及出水口的位置能否满足村镇总体规划的要求；远近期结合、分期建设、有无发展的可能性；对原有排水设施的改善是否合理。

3. 排水管渠布置是否充分利用重力流，管道埋深是否最小，中途泵站数量是否最少，排水管渠与其它管线之间关系是否合理。

4. 污水及污泥的处理及工艺流程是否综合治理利用。

5. 技术上是否采用先进技术和施工机械装备，维护管理是否方便。

6. 防洪、防涝、防积水危害。

第二节 给排水工程方案经济比较

进行给水排水方案的经济比较是为了节省投资，选用经济效益最佳的设计方案，做到技术上可行，经济上节省。

一、经济比较的方法

随着给排水工程的发展，有许多规划方案的经济比较方法，实践时可以根据当地具体条件，选用一种总费用比较法。

按方案总费用作经济比较的条件是所采用的经济指标相同，并且假定工程一次投资，每年经营费不变。

各方案的总费用按下列公式计算：

$$W_i = A_i + T_0 B_i \tag{11-1}$$

式中 W_i——各方案总费用（元）；

A_i——各方案的基建费用（元）；

B_i——各方案的年经营费用（元）；

T_0——投资偿还年限（a）；影响投资偿还年的因素很多，可根据工程的规模、内容，按当地有关规定取值。

方案总费用的经济比较法，是以方案的基建投资和一定年限的经营管理费用为基础，组成方案总费用。

通过式（11-1）进行各方案的计算结果比较，总费用最少的为最经济的方案。

二、基建投资费用

基建投资费用 A 表示，用下列公式计算：

$$A = KJ \qquad (11-2)$$

式中　J —— 主体工程基建费用（元）；

　　　K —— 修正系数。

修正系数 K，为主体工程基建费用以外的其它各项费用所增加投资费用的一个修正系数。其它各项费用包括征购土地、青苗赔偿、房屋拆迁、规划设计、科研费用等。

在方案比较阶段，单项工程尚未进行设计，对主体工程基建费一般根据给水排水工程规模，处理的流程，管道长度，采用综合扩大技术经济指标粗略估算，采用当地技术经济指标进行计算。

三、年经营费用

年经营费用 B 表示，用下列公式计算：

$$B = n\%J + E \quad (\text{元}/a) \qquad (11-3)$$

式中　$n\%J$ —— 折旧提成费（元/a）；

　　　E —— 直接经营费（元/a）。

（一）年折旧费 $n\%J$

年折旧费，以固定资产总值乘以综合折旧率计算。固定资产总值可采用主体工程基建费用 J；年综合折旧率 $n\%$ 包括基本折旧率和大修折旧率两项。年综合折旧率 $n\%$ 的大小要看工程使用年限的长短，如果工程使用寿命长，$n\%$ 的取值就低，否则取值就高。例如估计工程使用寿命为 $50a$，则 $n\% = 2.0\%$；使用寿命 $20a$，则 $n\% = 5\%$。

（二）年直接经营费 E

$$E = E_1 + E_2 + E_3 + E_4 + E_5 \quad (\text{元}/a) \qquad (11-4)$$

式中　E_1 —— 工资福利费（元/a）；

　　　E_2 —— 电费（元/a）；

　　　E_3 —— 药剂费（元/a）；

　　　E_4 —— 检修维护费（元/a）；

　　　E_5 —— 其它费（元/a），即

$$E_5 = (n\%J + E_1 + E_2 + E_3 + E_4)10\%$$

经济指标中分为辅助经济指标和主要指标两部分。主要经济指标如前述的基建投资费用和年经营费用，对工程方案总费用有决定的作用。辅助经济指标主要有劳动力、占地、主要材料、主要动力设备及能源消耗等。占地指标可根据规划所征用的农田、好土、荒地等类别计算。尽量少占或不占好农田。劳动力指标，主要材料指标可根据管道系统地形高差，需提升的水量和扬程以及处理工艺流程中耗电情况计算电耗。辅助指标有时会起着决定作用。

总之，给排水工程方案选择时，应充分考虑到给排水工程建设与当地的工业、农业、环境、人民生活福利和卫生保健等各方面之间的密切联系。比较时不能单纯只考虑经济效益，还应全面衡量它给工业、农业、环境、人民生活等各方面带来的影响。不仅要比较由技术指标而带来的经济效果，而且要分析某些不易表现的结果。

第十二章 室内给水排水

第一节 室内给水

室内给水的任务主要是解决建筑物内部的用水问题，以满足生产和日常生活的需要。

一、室内给水的分类

室内给水按供水对象可分为四种：

（一）生活给水系统

生活给水系统是指供人们生活中所需要的饮用、洗涤和冲刷等各种用水。

（二）生产给水系统

生产给水系统是提供生产车间的内部用水，主要是生产设备冷却水、产品洗涤水等。

（三）消防给水系统

消防给水系统是提供扑灭火灾所需用水的室内给水系统。

（四）组合给水系统

生活、生产、消防给水系统在实际工作中一般不需单独设置，可根据水量、水质、水压的不同要求组合成不同的形式：

1. 生产与生活共用的给水系统。
2. 生产与消防共用的给水系统。
3. 生活与消防共用的给水系统。
4. 生产——生活——消防三者共用的给水系统。

二、室内给水系统的组成和方式

室内给水系统一般由引入管、干管、立管和支管、用水设备组成，见图12-1。

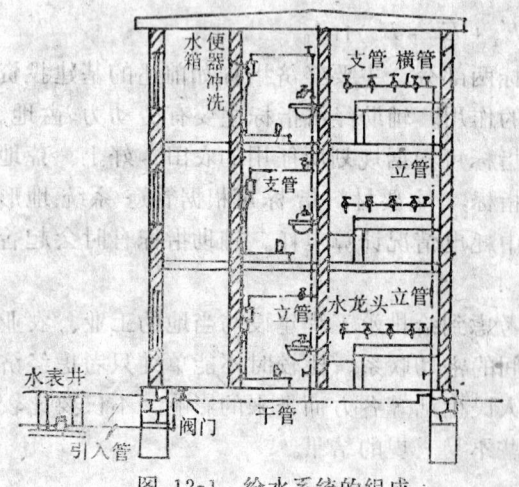

图 12-1 给水系统的组成

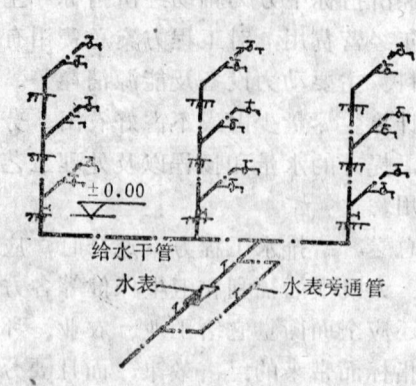

图 12-2 直接给水方式

建筑物内给水系统采用的方式，主要取决于室外给水系统所能提供的水量、水压、水质条件能否满足室内用水设备的需要。

室内给水常用的方式有下列几种：

（一）直接给水方式

室外给水系统的水质、水压和水量均能满足室内的要求，可采用直接给水方式，见图12-2。室内仅仅有给水管道，而无任何其它加压设备，适用于村镇居民用水。

（二）设有水箱的给水方式

当室外给水系统的水质和水量均能满足室内要求，但水压间断不足，可采用设水箱的给水方式，见图12-3。给水干管一般在顶层天棚下窗口上设置。当室外管线水压充足时，由室外管线直接供水，同时向水箱供水；当室外水压不足时，由水箱供水，适用于平原地区的居住区。

（三）设有贮水池、水箱和水泵的给水方式

当室外给水系统的水质和水量能满足要求，而水压不能满足要求时，采用设置贮水池、水箱和水泵的给水方式，见图12-4。水泵和水箱联合使用，由于水泵出水量稳定，并且在高效率下进行工作，水箱容积也可减小，这种给水方式在技术上合理，供水可靠，但经济上一次性投资大。比较适用于经济效益好、人口较多的城镇。

图 12-3 设水箱的给水方式

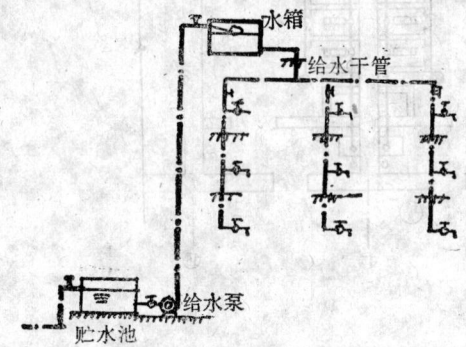

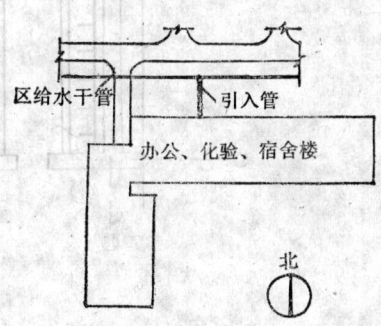

图 12-4 设水箱、水泵和贮水池的给水方式　　　　图 12-5 厂区建筑平面

实际上一般建筑物的给水大多采用直接给水方式，尤其是在村镇。例如某拖拉机厂办公、化验、宿舍楼的盥洗间及卫生间的供水是采用直接给水方式，因该厂区管网能满足此楼所需的水压、水量的要求。图12-5为厂区建筑平面，在图中可根据建筑物轴线找出盥洗间及卫生间的平面布置。图12-6为盥洗间、卫生间给水管道平面布置。图12-7是给水系统。

从图12-6中，可以看出给水管道及卫生设备的平面设置。其中卫生设备有大便器、小便器、污水盆、盥洗槽；给水管道有房屋引入管、水平干管、立管、支管的平面位置。

从图12-7中，可以看出建筑物上下层之间、前后之间各种管道的空间关系以及管道的高程。图中表明房屋引入管接自厂区给水管道，从建筑物轴线⑭与⑮之间进入，穿过外墙

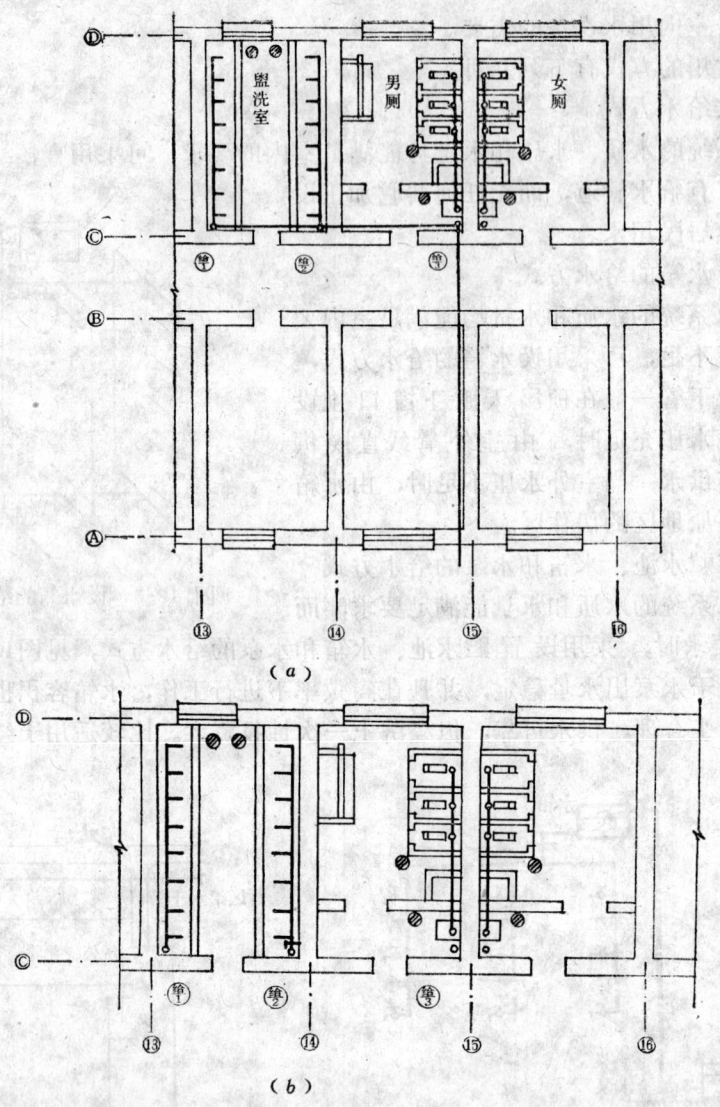

图 12-6 卫生间给水管道平面布置
(a)一层给水管道平面；(b)二、三层给水管道平面

及内墙的基础，全部埋地敷设，室外部分的高程为-1.65m，室内部分的高程为-0.3m。立管有3根，位于男厕及盥洗室轴线ⓒ内，编号分别为 立①、立②、立③。其中 立③ 直接与房屋引入管连接，高程+0.5m处设总阀门1个，以便控制整个给水系统。

水平干管接自立管 立③，在一层楼板下敷设高程+3.00m，根据需要干管分别设置阀门。

支管分别接自立管，用来连接给水龙头及其它用水设备。支管起点均设阀门1个，以便在修理给水龙头或用水设备时关闭。此外，每层男厕设污水盆1个、小便槽1个、大便器3个。每层女厕设污水盆1个、大便器3个，大便器采用手动冲洗阀，冲洗支管由冲洗

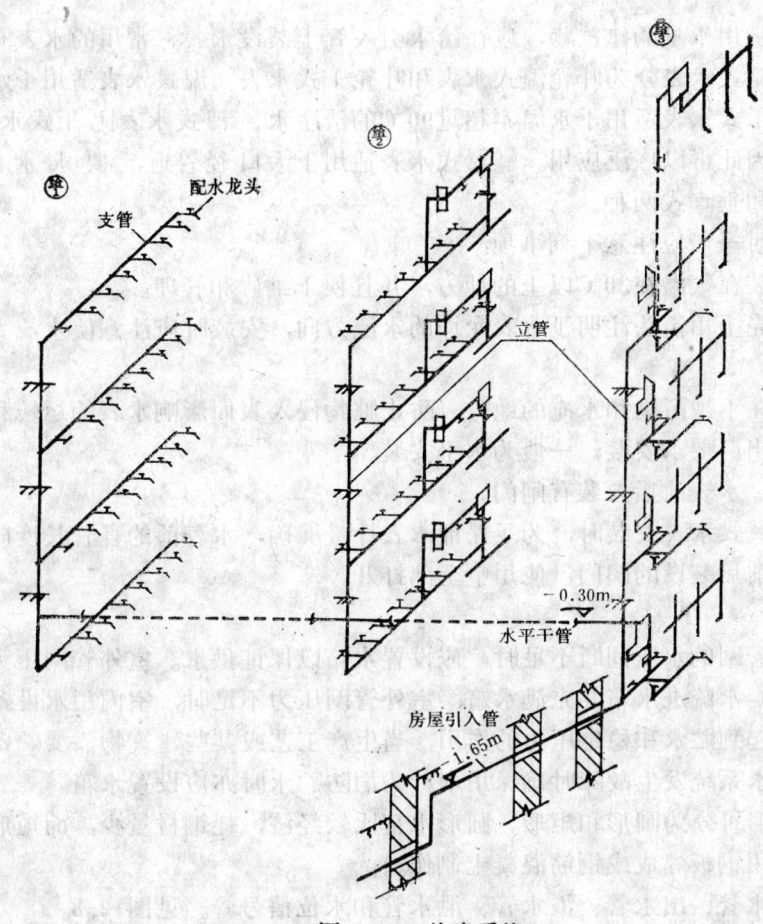

图 12-7 给水系统

水箱引出。

三、室内给水管材及附件

室内给水系统是由给水管道和附件连接而成的。

给水管材应具有足够的强度，具备安全、可靠、坚固耐用，便于加工安装等特点。常用的室内给水管材有钢管、铸铁管和塑料管等。

（一）钢管

钢管分为镀锌钢管和非镀锌钢管。其优点是强度高，使用方便，承受压力大，内表面光滑，水力条件好；易锯割、弯曲、安装容易。缺点是抗腐蚀性差，某些化工厂不能使用。

（二）铸铁管

当室内给水管道直径大于50mm时采用铸铁管。它比钢管耐腐蚀，多用于埋地管道。

（三）塑料管

塑料管主要用于工业给水管道中，有耐腐蚀、重量轻、安装方便等优点。但存在强度低、耐久性差、不耐高温等缺点。

给水管常用的阀门有闸阀、截止阀、止回阀、底阀、旋塞和浮球阀。

四、水表

需要单独计量用水量的建筑物，应在给水引入管上装设水表。常用的水表有叶轮式和螺翼式两种。叶轮式水表分为叶轮湿式水表和叶轮干式水表。湿式水表适用于水温不超过40℃的洁净水；干式水表适用于水温不超过90℃的洁净水。湿式水表比干式水表构造简单，灵敏性高，因此得以广泛应用。螺翼式水表适用于大口径管道，要求水温不超过40℃，有水平式和垂直式两种。

水表在安装时一般应注意下列事项：

1. 水表应安装在气温在20℃以上的地方，并且便于维修和管理。
2. 水表的外壳上用箭头注明了水表允许的水流方向，安装时应注意使水流方向和水表外壳上箭头一致。
3. 水表应装在不被污染和水淹的地方，防止脏物侵入表面影响水表的运转和读数。
4. 水表应按出厂要求安装，一般为水平安装。
5. 水表井中，水表前后要装有闸门。
6. 大口径螺翼式水表安装时，为了保证水表计量准确，水表前的直管长度应大于10倍水表直径，水表前后装设的阀门，使用中全部打开。

五、水箱

当室外给水管网的水压间断不足时，应设置水箱以保证供水。室外管网压力满足室内管网水压要求时，水流进水箱并充满水箱；室外管网压力不足时，室内用水设备由水箱供水。所以，水箱起到贮水和稳定压力的作用。当生产工艺或某些建筑物需要贮备一定的水量，以备室外给水系统发生故障时确保用水。为消防贮水时亦应设置水箱。

水箱按其外形可分为圆形和矩形。圆形水箱比较经济，耗钢材量少，而矩形水箱占地面积小。水箱常用钢板焊成或钢筋混凝土制作。

水箱设有进水管、出水管、溢水管、泄水管和水位信号管。见图12-8。

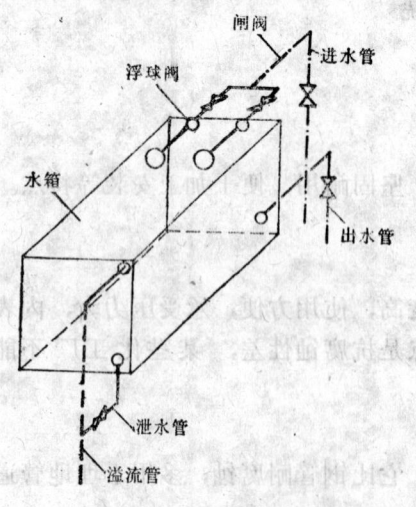

图12-8 水箱配管示意

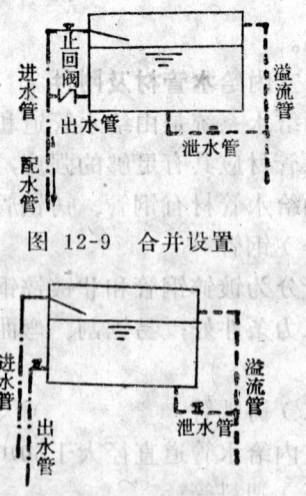

图12-9 合并设置

图12-10 单独设置

1. 进水管。进水管一般连接不少于两个浮球阀，每个浮球阀的引水管和进水总管上部，要装阀门以便维修。每个浮球阀的规格，一般为直径不大于50mm。

2. 出水管。是将水箱里的水送至室内给水系统中去的管子、出水管的连接方式有两种。一种是在水箱以下与进水管合并成一条管道，见图12-9。另一种是不与进水管合并，而是单独设置一条管道，见图12-10。

3. 溢水管。当水箱进水浮球阀出现故障不能控制水箱水位时，为了防止水箱里的水流到地面上，需在水箱侧面靠近顶部设置溢流管，用以控制水箱的最高水位。

溢流管上不得设任何阀门，它与排水系统直接相连。溢流管一般引到建筑物顶层的卫生设备上部，就近泄水。

4. 泄水管。水箱使用一段时间后，水箱底部会积存一些杂质。为了清洗水箱，在水箱底接出泄水管。

泄水管一般与溢水管合并为一个管道。在合并之前的泄水管上设一个阀门，定期打开阀门排除杂质，将水箱清洗干净。

5. 信号管。当水箱信号管显出最低水位时，水泵开始向水箱补水；当显示出最高水位时，则停止向水箱供水。

第二节　室内给水系统的计算

生产与生活都需要用水。生产用水量标准通常由生产工艺确定。生活用水量标准可根据有关资料选用。表12-1为各种卫生器具的给水额定流量值、当量值、支管管径和配水点前所需流出水头。为了计算方便，引用了"卫生器具当量"这一概念，即以一个污水盆的水龙头额定流量0.2L/s，称为一个当量值。其它卫生器具的当量只要用额定流量除以0.2 L/s即可求得。

当各种卫生器具流出额定流量时，应有一定的静水压力，叫自由水压，也叫配水点的流出水头。

生活用水量的计算，是以卫生器具的额定流量、当量值及同时使用百分比确定的。

一、居住区建筑给水流量计算

$$q_g = 0.2\alpha\sqrt{N} + KN \tag{12-1}$$

式中　q_g——计算管段设计秒流量（L/s）；

　　　N——计算管段当量总数；

　　　α——根据每人每天生活用水量标准确定的系数（见表12-2）；

　　　K——根据当量总数确定的系数（见表12-3）。

二、集体宿舍、旅馆、医院、幼儿园办公楼等公共建筑给水流量计算

$$q_g = 0.2\alpha\sqrt{N} \tag{12-2}$$

式中　q_g——计算管段给水秒流量（L/s）；

　　　N——计算管段卫生器具的当量总数；

　　　α——根据建筑物用途而定的系数，见表12-4。

三、工业企业生产间、公共浴室、洗衣房、公共食堂等公共建筑给水流量计算

$$q_g = \Sigma \frac{q_0 n_0 b}{100} \tag{12-3}$$

式中　q_g——计算管段的给水秒流量（L/s）；

卫生器具给水的额定流量、当量、管径、流出水头　　　表 12-1

序号	卫生器具名称	额定流量 (L/s)	当量	支管管径 (mm)	配水点前所需流出水头 (m)
1	污水盆水龙头	0.2	1.0	15	2.0
2	家庭厨房洗涤池水龙头				
	一个阀开	0.14	0.7	15	1.5
	二个阀开	0.20	1.0	15	1.5
	普通水龙头	0.20	1.0	15	1.5
3	淋浴器				
	一个阀开	0.10	0.5		
	二个阀开	0.15	0.75		
4	浴盆水龙头				
	一个阀开	0.20	1.0	15	2.0
	二个阀开	0.30	1.5	15	2.0
5	洗脸盆水龙头（无塞）	0.10	0.5	15	1.5
6	集中住宅水龙头	0.30	1.5	20	2.0
7	洗脸盆水龙头（有塞）				
	一个阀开	0.16	0.8	15	1.5
	二个阀开	0.20	1.0	15	1.5
8	大便槽	0.10	0.5	15	2.0
9	大便器				
	手动冲洗阀	0.05	0.25	15	1.5
	自动冲洗阀	0.10	0.5	15	2.0

根据每人每日生活用水量标准确定 α 值　　　表 12-2

每人每日生活用水量标准 (L/d·人)	100及100以下	125	150	200	250
α 值	2.2	2.16	2.15	2.14	2.05

根据当量总数确定系数 K 值　　　表 12-3

当量总数	300以及300以下	301～500	501～800	801～1200	1200以上
K	0.002	0.003	0.004	0.005	0.006

根据建筑物用途确定系数 α 值　　　表 12-4

建筑物名称	幼儿园	门诊部	办公楼	学校	医院休养所	集体宿舍
α 值	1.2	1.4	1.5	1.8	2.0	2.5

q_0——同类型的一个卫生器具给水额定流量（L/s）；
n_0——同类型卫生器具数；
b——卫生器具的同时给水百分数（见表12-5）。

各种卫生器具和设备的同时使用百分数（%）　　　　表 12-5

器具名称	建筑物类别						
	工业企业生活间	公共浴室	洗衣房	电影院剧院	体育场游泳池	科研实验室	生产实验室
洗涤盆	无工艺要求33	15	25～40	50	50	（40）	（40）
洗手盆	50	20		50	70	（30）	（30）
浴　盆		50					
淋浴器	100	100	100	100	100	（60～100）	（60～100）
洗脸盆	60～100	60～100	60	50	80	（30）	（30）
大便槽自动冲洗阀	100			100	100		
小便器自动冲洗	100			100	100		
大便器冲洗水箱	30	20	30	50	70		

室内给水管道的管径，一般需经过详细的水力计算来确定。确定管径的同时，还要计算室内给水管网所需的水压。这样，在这个水压下，利用确定的管径，就可保证室内用水设备的用水。

在计算室内给水管道的水压时，一般选择管道中若干个最不利点用水设备进行比较，以保证最不利处所需水压。室内给水系统所需的总压力为

$$H = H_1 + H_2 + H_3 + H_4 \qquad (12-4)$$

式中　H——室内给水管道系统所需的总压力；
　　　H_1——最不利配水点与建筑物进水管的标高差；
　　　H_2——管道沿程和局部水头损失之和；
　　　H_3——水表水头损失；
　　　H_4——最不利配水点所需的流出水头。

室内给水管道计算步骤如下：
1.选择管道中最不利配水点和最不利管道。
2.根据不同建筑物类型，正确地选用设计秒流量公式，计算各管的设计流量。
3.根据各管段的设计秒流量，选择流速，查表确定管径和单位管长的水头损失。
4.计算各管段的水头损失，求出室内管道系统需要的总压力。
5.验算。将室内管道系统需要的总压力与室外给水管网的资用压力比较。

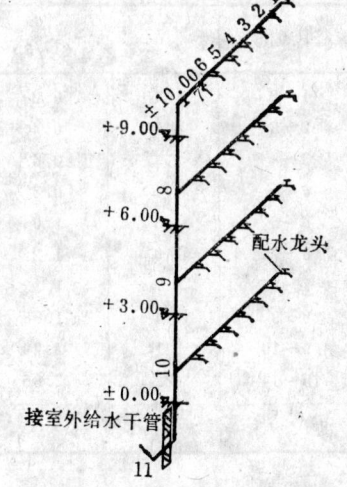

图 12-11　给水系统

【例题 12-1】　室外给水管网供给压力为0.25MPa，图12-11为一座四层集体宿舍盥洗间给水系统。试进行水力计算。

【解】　1.查表12-1，求出各管段卫生器具的当量数。一个盥洗槽的普通水龙头当量 $N_1 = 1$。

2.选用式(12-2)进行计算,即 $q=0.2\alpha\sqrt{N}$ (L/s) 对于集体宿舍 $\alpha=2.5$,当 $N<\alpha^2$ 时采用公式 $q=0.2N$,确定最不利点为1,凡是流量变化处进行管段编号,然后才能计算管段,求出 q 如下:

1～2管段	$N=1$ 时	$q=0.2$ L/s;
2～3管段	$N=2$ 时	$q=0.4$ L/s;
3～4管段	$N=3$ 时	$q=0.6$ L/s;
4～5管段	$N=4$ 时	$q=0.8$ L/s;
5～6管段	$N=5$ 时	$q=1.0$ L/s;
6～7管段	$N=6$ 时	$q=1.2$ L/s;
7～8管段	$N=7$ 时(用公式 $q=0.2\alpha\sqrt{N}$ 得)	$q=1.3$ L/s;
8～9 管段	$N=14$ 时	$q=1.88$ L/s;
9～10管段	$N=21$ 时	$q=2.29$ L/s;
10～11管段	$N=28$ 时	$q=2.65$ L/s。

3.采用常用流速 V,查附录表确定管径及水头损失。
4.从系统图上按比例量出各管段的长度 L。
5.算出各段沿程水头损失 $h_y=iL$,计算数据列于表12-6。

计 算 数 据　　　　　　　　　　　表 12-6

管段编号	N	q_0 (L/s)	V (m/s)	d (mm)	i	L (m)	h_y (mH$_2$O)
1～2	1	0.2	0.62	20	72.7	0.7	0.051
2～3	2	0.4	1.24	20	26.3	0.7	0.184
3～4	3	0.6	1.13	25	59	0.7	0.111
4～5	4	0.8	0.84	32	63.2	0.7	0.0443
5～6	5	1.0	1.05	32	95.7	0.7	0.067
6～7	6	1.2	1.27	32	135	0.7	0.0945
7～8	7	1.32	1.07	40	77.4	3.7	0.286
8～9	14	1.88	0.89	50	41.2	3.0	0.124
9～10	21	2.29	1.08	50	59	3.0	0.177
10～11	28	2.65	1.24	50	78	3.3	0.257
共　　计							1.3958

6.计算给水系统的总压力
$$H=H_1+H_2+H_3+H_4 \quad (\text{mH}_2\text{O})$$

式中　H_1——计算配水点1与进水管11的高程差,即 $H_1=10-(-1.3)=11.3$ m;

H_2——管道沿程和局部水头损失之和,
$$H_2=h_y+h_j \qquad h_y=1.3958 \text{mH}_2\text{O}$$
$$h_j=h_y\times 30\%=418.7 \text{mmH}_2\text{O}$$
$$H_2=1395.8+418.7=1814.5 \text{mmH}_2\text{O}=1.8 \text{mH}_2\text{O}$$

H_3——水表水头损失略去不计;

H_4——查表水龙头流出水头1.5m。

$$H = 11.3\mathrm{m} + 1.81\mathrm{m} + 1.5\mathrm{m} = 14.6\mathrm{mH_2O}$$

室外供给压力 20 $\mathrm{mH_2O}$ 大于室内水压要求，系统各管段所选管径是合适的。

第三节 室 内 排 水

室内排水的任务，是收集卫生器具和生产设备产生的污水以及降落在屋面上的雨、雪水，用最经济合理的管径迅速排到室外排水管。同时应考虑防止室外排水管道中的有害气体、臭气及有害物进入室内。

一、室内排水系统的分类

按排除的污水性质，室内排水系统可分为三类：

1. 生活污水排水系统，用以排除人们日常生活中产生的污水。
2. 工业污水排除系统，用以排除工业生产过程中的生产污水和生产废水。
3. 雨水排水系统，用以排除屋面的雨水和融化的雪水。

二、室内排水系统的组成

室内排水系统由污水收集器、排水支管、排水横管、排水立管、排出管、通气管及管道清通配件设备组成，见图12-12。

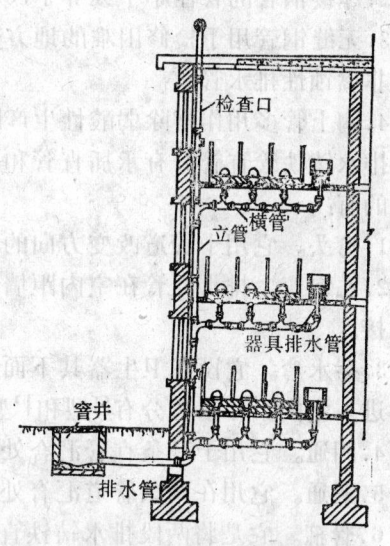

图 12-12 排水系统组成

1. 污水收集器。它是指收集各种污水和废水的卫生器具，排放生产污水的设备及雨水斗等。在民用建筑中应尽可能布置紧凑一点，减少设备造价。

2. 排水支管。它是指只连接一个卫生器具的排水管。排水支管上应设有S型存水弯或P型存水弯、水封装置。

3. 排水横管。它是指连接两个及两个以上卫生器具排水支管的水平排水管。它应有坡向立管的坡度，尽量不拐弯，直接与立管相连。横管不许穿越建筑物的沉降缝、烟道、风道等。

4. 排水立管。它是指连接横管的垂直排水管道，将各层横管流来的污水送到室外污水管。立管一般在墙角安装，靠近杂质多、水量大的排水点。立管穿越墙体、楼板时应预留孔洞。

5. 通气管。是指立管上部不过水的部分。它应伸出屋顶0.3m以上，并应大于积雪厚度。其作用是既可将排水系统中有害气体排到大气中去，又可向室内排水管道补充空气，使水流畅通，气压稳定，防止卫生器具水封遭到破坏。通气管不得与建筑物的风道、烟道相接，不宜设在屋檐、檐口、阳台或雨棚下。

6. 排出管。它是指将立管的污水排往室外的水平排水管，即污水出户管；也是室内排水系统与室外排水系统的连接管。在立管与排出管连接处应用两个45°弯头连接，以便污水顺利排除而不堵塞。

7.清通配件。在排水管道的适当部位设清扫口、检查口，用以清通室内管道。清扫口设在横管上，检查口设在立管上，每隔一层设一个，但在底层和有卫生器具的最高层必须设置。

三、排水管材及管件

室内生活污水管的管材一般采用排水铸铁管。

1.排水铸铁管的管径为50～200mm，管壁较薄，不能承受高压，耐腐蚀，较耐用。但性脆，自重大，每根管的长度短。

2.焊接钢管的管径小于或等于70mm，采用焊接或管件连接。

3.无缝钢管用于检修困难的地方管段或设备振动较大的地方，管内可承受较大的压力、非腐蚀性排水管。

4.陶土管多用作排除弱酸性生产防水管道，一般采用水泥砂浆承插式接口。

排水铸铁管直管分有承插直管和双承直管两种。排水铸铁管是通过各种管件来连接，常用的有：

1.弯头。它用于管道改变方向的转弯处。弯头的角度有90°和45°两种。

2.乙字弯。排水立管在室内距墙较近，下面的基础较宽，为了在下部绕过基础用乙字弯连接。

3.存水弯。它设在卫生器具下面的排水支管上，起到水封的作用，以防止排水管中的气体进入室内。存水弯分有S型和P型两种。

4.四通。它用于三条直管汇合处，分有正四通和斜四通两种。

5.三通。它用在两条管道汇合处，分有正三通、顺三通和斜三通。

6.管箍。它是将两段排水铸铁直管连接在一起的管接件。

四、卫生器具

卫生器具是收集污水的设备，常用的卫生器具按用途可分为三类：

1.便溺用卫生器具：有蹲式大便器、坐式大便器、大便槽、小便器等。

2.盥洗、淋浴用卫生器具：有洗脸盆、盥洗槽、浴盆、淋浴器、妇女卫生盆等。

3.洗涤用卫生器具：有污水池、化验盆、污水盆（池）、地漏等。

卫生器具安装一般在土建装修工程基本结束，室内排水管道安装完毕后进行，以免因交叉施工破坏卫生器具。

第四节 室内排水系统的计算

一、卫生器具排水量

为了确定排水管道的管径，必须求出通过管道的流量。卫生器具的排水量以一个污水盆的排水量0.33L/s作为一个排水当量。其它卫生器具的排水当量按其排水量折算。

各种卫生器具的排水量、排水当量、排水管管径及管道的最小坡度列于表12-7。

二、设计秒流量

排水管道设计秒流量公式有两种形式：

1.排水设计秒流量按给水设计秒流量加上该管段上最大一个卫生器的排水量计算。因此住宅、宿舍、医院等建筑物的流量计算公式如下：

生活污水排水管允许负荷的当量总数　　　　表 12-7

类型	建筑物性质	管径(mm)	横管最小坡度	横管标准坡度	立管
1	住宅	50	3	6	16
		75	8	14	36
		100	50	100	350
2	集体宿舍、旅馆、医院、办公楼、学校	50	3	5	10
		75	8	12	22
		100	30	80	120
3	工业企业生活间、公共浴室、洗衣房、公共食堂、体育场	50	2	3	5
		75	4	6	12
		100	8	11	22

$$q_u = q_g + q_{max} \quad (12-5)$$

式中　q_u——计算管道排水设计秒流量（L/s）；

　　　q_g——计算管道给水设计秒流量（L/s）；

　　　q_{max}——计算管道上排水量最大的一个卫生器具的排水量（L/s）。

2．按排水量计算。适用于工业企业生活间、公共浴室、洗衣房、影剧院和体育场等。

$$q_u = \Sigma \frac{q_p nb}{100} \quad (12-6)$$

式中　q_u——计算管段排水设计秒流量（L/s）；

　　　q_p——计算管段上同类型的一个卫生器具的排水量（L/s）；

　　　n——该计算管段上同类型的卫生器具数；

　　　b——卫生器具同时排水百分数。

三、排水管段水力计算

根据排出的污水量，确定排水管的管径和坡度，合理确定通气系统以保证管道正常工作。

（一）生活污水管的管径确定

生活污水管管径，当卫生器具不多时，不必进行详细水力计算，可根据建筑物类别及卫生器具的排水当量总数，查表12-7选定。为了防止淤塞，根据经验作如下规定：室内生活污水管管径不得小于50mm；连接大便器的排水管即使只有一个大便器，管径≥100mm；大便槽的排水管径≥150mm；小便槽连接3个以及3个以上小便器的排水管径≥75mm；公共食堂干管管径≥100mm，医院卫生间的洗涤盆或污水盆的排水管径≥75mm。

（二）排水横管的水力计算

工业废水管道或生活污水管道上卫生器具较多时，需进行水力计算。计算时必须满足以下规定：

1．管道充满度。排水横管的最大充满度应满足表12-8的规定。

2．管道流速。管道流速对排水管道正常工作很有影响，为了防止流速太小使污水中悬浮物不能及时冲走规定了最小流速，表12-9是管道在设计充满度下的最小流速。为了防止

排水管道最大设计充满度 表 12-8

排水管名称	管径(mm)	最大设计充满度
生活污水管道	150～200	0.6
生产废水管道	50～75	0.6
	100～150	0.7
	≥200	1.0
生产污水管道	50～75	0.6
	100～150	0.7
	≥200	0.8

各种排水管道的最小流速 表 12-9

管渠类别	生活污水管道			明渠	雨水管道及合流制排水管道
	$d<150$	$d=150$	$d=200$		
最小流速(m/s)	0.60	0.65	0.7	0.40	0.75

排水管道最大允许流速(m/s) 表 12-10

管道材料	生活污水	含有杂质的工业废水、雨水
金属管	7.0	10.0
陶土及陶瓷管	5.0	7.0
混凝土及石棉水泥管	4.0	7.0

管道流速过大冲刷管道，规定了最大流速，见表12-10。

3.管道坡度。排水管道的坡度应满足充满度和流速的要求，一般情况下采用标准坡度，管道的最大坡度不得大于0.15。生活污水和工业废水的标准坡度和最小坡度，可按表12-11采用。

生活污水和工业废水排水管道的标准坡度和最小坡度 表 12-11

管径(mm)	工业废水		生活污水	
	标准坡度	最小坡度	标准坡度	最小坡度
50	0.03	0.020	0.35	0.025
75	0.02	0.015	0.25	0.015
100	0.012	0.008	0.020	0.012
125	0.010	0.006	0.015	0.010
150	0.006	0.005	0.010	0.007
200	0.004	0.004	0.008	0.005

附 录

附 录 一

铸铁管水力计算表

Q		DN(mm)									
		50		75		100		125		150	
m³/h	L/s	V	1000i	V	1000i	V	1000i	V	1000i	V	1000i
1.80	0.50	0.26	4.99								
2.16	0.60	0.32	6.90								
2.52	0.70	0.37	9.09								
2.88	0.80	0.42	11.6								
3.24	0.90	0.48	14.3	0.21	1.92						
3.60	1.00	0.53	17.3	0.23	2.31						
3.96	1.1	0.58	20.6	0.26	2.75						
4.32	1.2	0.64	24.1	0.28	3.20						
4.68	1.3	0.69	27.9	0.30	3.69						
5.04	1.4	0.74	32.0	0.33	4.22						
5.40	1.5	0.79	36.3	0.35	4.77	0.20	1.17				
5.76	1.6	0.85	40.9	0.37	5.34	0.21	1.31				
6.12	1.7	0.90	45.7	0.39	5.95	0.22	1.45				
6.48	1.8	0.95	50.8	0.42	6.59	0.23	1.61				
6.84	1.9	1.01	56.2	0.44	7.28	0.25	1.77				
7.20	2.0	1.06	61.9	0.46	7.98	0.26	1.94				
7.56	2.1	1.11	67.9	0.49	8.71	0.27	2.11				
7.92	2.2	1.17	74.0	0.51	9.47	0.29	2.29				
8.28	2.3	1.22	80.3	0.53	10.3	0.30	2.48				
8.64	2.4	1.27	87.5	0.56	11.1	0.31	2.66	0.20	0.902		
9.00	2.5	1.33	94.9	0.58	11.9	0.32	2.88	0.21	0.966		
9.36	2.6	1.38	103	0.60	12.8	0.34	3.08	0.215	1.03		
9.72	2.7	1.43	111	0.63	13.8	0.35	3.30	0.22	1.11		
10.08	2.8	1.48	119	0.65	14.7	0.36	3.52	0.23	1.18		
10.44	2.9	1.54	128	0.67	15.7	0.38	3.75	0.24	1.25		
10.80	3.0	1.59	137	0.70	16.7	0.39	3.98	0.25	1.33		
11.16	3.1	1.64	146	0.72	17.7	0.40	4.23	0.26	1.41		
11.52	3.2	1.70	155	0.74	18.8	0.42	4.47	0.265	1.49		
11.88	3.3	1.75	165	0.77	19.9	0.43	4.73	0.27	1.57		
12.24	3.4	1.80	176	0.79	21.0	0.44	4.99	0.28	1.66		
12.60	3.5	1.86	186	0.81	22.2	0.45	5.26	0.29	1.75	0.20	0.723
12.66	3.6	1.91	197	0.84	23.2	0.47	5.53	0.30	1.84	0.21	0.755
13.32	3.7	1.96	208	0.86	24.5	0.48	5.81	0.31	1.93	0.212	0.794
13.68	3.8	2.02	219	0.88	25.8	0.49	6.10	0.315	2.03	0.23	0.834
14.04	3.9	2.07	231	0.91	27.1	0.51	6.39	0.32	2.12	0.224	0.874
14.40	4.0	2.12	243	0.93	28.4	0.52	6.69	0.33	2.22	0.23	0.909
14.76	4.1	2.17	255	0.95	29.7	0.53	7.00	0.34	2.31	0.235	0.952
15.12	4.2	2.23	268	0.98	31.1	0.55	7.31	0.35	2.42	0.24	0.995
15.48	4.3	2.28	281	1.00	32.5	0.56	7.63	0.36	2.53	0.25	1.04
15.84	4.4	2.38	294	1.02	33.9	0.57	7.96	0.364	2.63	0.252	1.03

续表

Q		DN (mm)										
		50		75		100		125		150		200	
m³/h	L/s	V	1000i	V	1000i	V	1000i	V	1000i	V	1000i	V	1000i
16.20	4.5	2.39	308	1.05	35.3	0.58	8.29	0.37	2.74	0.26	1.12		
16.56	4.6	2.44	321	1.07	36.8	0.60	8.63	0.38	2.85	0.264	1.17		
16.92	4.7	2.49	335	1.09	38.3	0.61	8.97	0.39	2.96	0.27	1.22		
17.28	4.8	2.55	350	1.12	39.8	0.62	9.33	0.40	3.07	0.275	1.26		
17.64	4.9	2.60	365	1.14	41.4	0.64	9.68	0.41	3.20	0.28	1.31		
18.00	5.0	2.65	380	1.16	43.0	0.65	10.0	0.414	3.31	0.286	1.35		
18.36	5.1	2.70	395	1.19	44.6	0.66	10.4	0.42	3.43	0.29	1.40		
18.72	5.2	2.76	411	1.21	46.2	0.68	10.8	0.43	3.56	0.30	1.45		
19.08	5.3	2.81	427	1.23	48.0	0.69	11.2	0.44	3.68	0.304	1.50		
19.44	5.4	2.86	443	1.26	49.8	0.70	11.6	0.45	3.80	0.31	1.55		
19.80	5.5	2.92	459	1.28	51.7	0.72	12.0	0.455	3.92	0.315	1.60		
20.16	5.6	2.97	476	1.30	53.6	0.73	12.3	0.46	4.07	0.32	1.65		
20.52	5.7	3.02	493	1.33	55.5	0.74	12.7	0.47	4.19	0.33	1.71		
20.88	5.8			1.35	57.5	0.75	13.2	0.48	4.32	0.333	1.77		
21.24	5.9			1.37	59.5	0.77	13.6	0.49	4.47	0.34	1.81		
21.60	6.0			1.39	61.5	0.78	14.0	0.50	4.60	0.344	1.87		
21.96	6.1			1.42	63.6	0.79	14.4	0.505	4.74	0.35	1.93		
22.32	6.2			1.44	65.7	0.80	14.9	0.51	4.87	0.356	1.99		
22.68	6.3			1.46	67.8	0.82	15.3	0.52	5.03	0.36	2.04	0.20	0.505
23.04	6.4			1.49	70.0	0.83	15.8	0.53	5.17	0.37	2.10	0.206	0.518
23.40	6.5			1.51	72.2	0.84	16.2	0.54	5.31	0.373	2.16	0.21	0.531
23.76	6.6			1.53	74.4	0.86	16.7	0.55	5.46	0.38	2.22	0.212	0.545
24.12	6.7			1.56	76.7	0.87	17.2	0.555	5.62	0.384	2.28	0.215	0.559
24.48	6.8			1.58	79.0	0.88	17.7	0.56	5.77	0.390	2.34	0.22	0.577
24.84	6.9			1.60	81.3	0.90	18.1	0.57	5.92	0.396	2.41	0.222	0.591
25.20	7.0			1.63	83.7	0.91	18.6	0.58	6.09	0.40	2.46	0.225	0.605
25.56	7.1			1.65	86.1	0.92	19.1	0.59	6.24	0.41	2.53	0.228	0.619
25.92	7.2			1.67	88.6	0.93	19.6	0.60	6.40	0.413	2.60	0.23	0.634
26.28	7.3			1.70	91.1	0.95	20.1	0.604	6.56	0.42	2.66	0.235	0.653
26.64	7.4			1.72	93.6	0.96	20.7	0.61	6.74	0.424	2.72	0.238	0.668
27.00	7.5			1.74	96.1	0.97	21.2	0.62	6.90	0.43	2.79	0.24	0.683
27.36	7.6			1.77	98.7	0.99	21.7	0.63	7.06	0.435	2.85	0.244	0.698
27.72	7.7			1.79	101	1.00	22.2	0.64	7.25	0.44	2.96	0.248	0.718
28.08	7.8			1.81	104	1.01	22.8	0.65	7.41	0.45	2.99	0.25	0.734
28.44	7.9			1.84	107	1.03	23.3	0.654	7.58	0.453	3.07	0.254	0.749
28.80	8.0			1.86	109	1.04	23.9	0.66	7.75	0.46	3.14	0.257	0.765
29.10	8.1			1.88	112	1.05	24.4	0.67	7.95	0.465	3.21	0.26	0.781
29.52	8.2			1.91	115	1.06	25.0	0.68	8.12	0.47	3.28	0.264	0.802
29.88	8.3			1.93	118	1.08	25.6	0.69	8.30	0.476	3.35	0.267	0.819
30.24	8.4			1.95	121	1.09	26.2	0.70	8.50	0.48	3.43	0.27	0.835

续表

Q		DN(mm)													
		75		100		125		150		200		250		300	
m³/h	L/s	V	1000i	V	1000i	V	1000i	V	1000i	V	1000i	V	1000i	V	1000i
30.60	8.5	1.98	123	1.10	26.7	0.704	8.68	0.49	3.49	0.273	0.851				
30.96	8.6	2.00	126	1.12	27.3	0.71	8.86	0.493	3.57	0.277	0.874				
31.32	8.7	2.02	129	1.13	27.9	0.72	9.04	0.50	3.65	0.28	0.891				
31.68	8.8	2.05	132	1.14	28.5	0.73	9.25	0.505	3.73	0.283	0.908				
32.04	8.9	2.07	135	1.16	29.2	0.74	9.44	0.51	3.80	0.287	0.930				
32.40	9.0	2.09	138	1.17	29.9	0.745	9.63	0.52	3.91	0.29	0.942				
33.30	9.25	2.15	146	1.20	31.3	0.77	10.1	0.53	4.07	0.30	0.989				
34.20	9.5	2.21	154	1.23	33.0	0.79	10.6	0.54	4.28	0.305	1.04				
35.10	9.75	2.27	162	1.27	34.7	0.81	11.2	0.56	4.49	0.31	1.09				
36.00	10.0	2.33	171	1.30	36.5	0.83	11.7	0.57	4.69	0.32	1.13	0.20	0.384		
36.90	10.25	2.38	180	1.33	38.4	0.85	12.2	0.59	4.92	0.33	1.19	0.21	0.400		
37.80	10.5	2.44	188	1.36	40.3	0.87	12.8	0.60	5.13	0.34	1.24	0.216	0.421		
38.70	10.75	2.50	197	1.40	42.2	0.89	13.4	0.62	5.37	0.35	1.30	0.22	0.438		
39.60	11.0	2.56	207	1.43	44.2	0.91	14.0	0.63	5.59	0.354	1.35	0.226	0.456		
40.50	11.25	2.62	216	1.46	46.2	0.93	14.6	0.64	5.82	0.36	1.41	0.23	0.474		
41.40	11.5	2.67	226	1.49	48.3	0.95	15.1	0.66	6.07	0.37	1.46	0.236	0.492		
42.30	11.75	2.73	236	1.53	50.4	0.97	15.8	0.67	6.31	0.38	1.52	0.24	0.510		
43.20	12.0	2.79	246	1.56	52.6	0.99	16.4	0.69	6.55	0.39	1.58	0.246	0.529		
44.10	12.25	2.85	256	1.59	54.8	1.01	17.0	0.70	6.82	0.394	1.64	0.25	0.552		
45.00	12.5	2.91	267	1.62	57.1	1.03	17.7	0.72	7.07	0.40	1.70	0.26	0.572		
45.90	12.75	2.96	278	1.66	59.4	1.06	18.4	0.73	7.32	0.41	1.76	0.262	0.592		
46.80	13.0	3.02	289	1.69	61.7	1.08	19.0	0.75	7.60	0.42	1.82	0.27	0.612		
47.70	13.25			1.72	64.1	1.10	19.7	0.76	7.87	0.43	1.88	0.272	0.632		
48.60	13.5			1.75	66.6	1.12	20.4	0.77	8.14	0.434	1.95	0.28	0.653		
49.50	13.75			1.79	69.1	1.14	21.2	0.79	8.43	0.44	2.01	0.282	0.674		
50.40	14.0			1.82	71.6	1.16	21.9	0.80	8.71	0.45	2.08	0.29	0.695		
51.30	14.25			1.85	74.2	1.18	22.6	0.82	8.99	0.46	2.15	0.293	0.721		
52.20	14.5			1.88	76.8	1.20	23.3	0.83	9.30	0.47	2.21	0.30	0.743	0.20	0.301
53.10	14.75			1.92	79.5	1.22	24.1	0.85	9.59	0.474	2.28	0.303	0.766	0.21	0.312
54.00	15.0			1.95	82.2	1.24	24.9	0.86	9.88	0.48	2.35	0.31	0.788	0.212	0.320
55.80	15.5			2.01	87.8	1.28	26.6	0.89	10.5	0.50	2.50	0.32	0.834	0.22	0.338
57.60	16.0			2.08	93.5	1.32	28.4	0.92	11.1	0.51	2.64	0.33	0.886	0.23	0.358
59.40	16.5			2.14	99.5	1.37	30.2	0.95	11.8	0.53	2.79	0.34	0.935	0.233	0.377
61.20	17.0			2.21	106	1.41	32.0	0.97	12.5	0.55	2.96	0.35	0.985	0.24	0.398
63.00	17.5			2.27	112	1.45	33.9	1.00	13.2	0.56	3.12	0.36	1.04	0.25	0.421
64.80	18.0			2.34	118	1.49	35.9	1.03	13.9	0.58	3.28	0.37	1.09	0.255	0.443
66.60	18.5			2.40	125	1.53	37.9	1.06	14.6	0.59	3.45	0.38	1.15	0.26	0.464
68.40	19.0			2.47	132	1.57	40.0	1.09	15.3	0.61	3.62	0.39	1.20	0.27	0.486
70.20	19.5			2.53	139	1.61	42.1	1.12	16.1	0.63	3.80	0.40	1.26	0.28	0.509
72.00	20.0			2.60	146	1.66	44.3	1.15	16.9	0.64	3.97	0.41	1.32	0.283	0.539

续表

Q		DN(mm)													
		100		125		150		200		250		300		350	
m³/h	L/s	V	1000i	V	1000i	V	1000i	V	1000i	V	1000i	V	1000i	V	1000i
73.80	20.5	2.66	154	1.70	46.5	1.18	17.7	0.66	4.16	0.42	1.38	0.29	0.556	0.213	0.264
75.60	21.0	2.73	161	1.74	48.8	1.20	18.4	0.67	4.34	0.43	1.44	0.30	0.580	0.22	0.275
77.40	21.5	2.79	169	1.78	51.2	1.23	19.3	0.69	4.53	0.44	1.50	0.304	0.604	0.223	0.286
79.20	22.0	2.86	177	1.82	53.6	1.26	20.2	0.71	4.73	0.45	1.57	0.31	0.629	0.23	0.300
81.00	22.5	2.92	185	1.86	56.1	1.29	21.2	0.72	4.93	0.46	1.63	0.32	0.655	0.234	0.311
82.80	23.0	2.99	193	1.90	58.6	1.32	22.1	0.74	5.13	0.47	1.69	0.325	0.681	0.24	0.323
84.60	23.5			1.95	61.2	1.35	23.1	0.76	5.35	0.48	1.77	0.33	0.707	0.244	0.335
86.40	24.0			1.99	63.8	1.38	24.1	0.77	5.56	0.49	1.83	0.34	0.734	0.25	0.347
88.20	24.5			2.03	66.5	1.41	25.1	0.79	5.77	0.50	1.90	0.35	0.765	0.255	0.362
90.00	25.0			2.07	69.2	1.43	26.1	0.80	5.98	0.51	1.97	0.354	0.793	0.26	0.375
91.80	25.5			2.11	72.0	1.46	27.2	0.82	6.21	0.52	2.05	0.36	0.821	0.265	0.388
93.60	26.0			2.15	74.9	1.49	28.3	0.84	6.44	0.53	2.12	0.37	0.850	0.27	0.401
95.40	26.5			2.19	77.8	1.52	29.4	0.85	6.67	0.54	2.19	0.375	0.879	0.275	0.414
97.20	27.0			2.24	80.7	1.55	30.5	0.87	6.90	0.55	2.26	0.38	0.910	0.28	0.430
99.00	27.5			2.28	83.8	1.58	31.6	0.88	7.14	0.56	2.35	0.39	0.939	0.286	0.444
100.8	28.0			2.32	86.8	1.61	32.8	0.90	7.38	0.57	2.42	0.40	0.969	0.29	0.458
102.6	28.5			2.36	90.0	1.63	34.0	0.92	7.62	0.58	2.50	0.403	1.00	0.296	0.472
104.4	29.0			2.40	93.2	1.66	35.2	0.93	7.87	0.59	2.58	0.41	1.03	0.30	0.486
106.2	29.5			2.44	96.4	1.69	36.4	0.95	8.13	0.61	2.66	0.42	1.06	0.31	0.503
108.0	30.0			2.48	99.6	1.72	37.7	0.96	8.40	0.62	2.75	0.424	1.10	0.312	0.518
109.8	30.5			2.53	103	1.75	38.9	0.98	8.66	0.63	2.83	0.43	1.13	0.32	0.533
111.6	31.0			2.57	106	1.78	40.2	1.00	8.92	0.64	2.92	0.44	1.17	0.322	0.548
113.4	31.5			2.61	110	1.81	41.5	1.01	9.19	0.65	3.00	0.45	1.20	0.33	0.563
115.2	32.0			2.65	113	1.84	42.8	1.03	9.46	0.66	3.09	0.453	1.23	0.333	0.582
117.0	32.5			2.69	117	1.86	44.2	1.04	9.74	0.67	3.18	0.46	1.27	0.34	0.597
118.8	33.0			2.73	121	1.89	45.6	1.06	10.0	0.68	3.27	0.47	1.30	0.343	0.613
120.6	33.5			2.77	124	1.92	47.0	1.08	10.3	0.69	3.36	0.474	1.34	0.35	0.629
122.4	34.0			2.82	128	1.95	48.4	1.09	10.6	0.70	3.45	0.48	1.37	0.353	0.646
124.2	34.5			2.86	132	1.98	49.8	1.11	10.9	0.71	3.54	0.49	1.41	0.36	0.665
126.0	35.0			2.90	136	2.01	51.3	1.12	11.2	0.72	3.64	0.495	1.45	0.364	0.682
127.8	35.5			2.94	140	2.04	52.7	1.14	11.5	0.73	3.74	0.50	1.49	0.37	0.699
129.6	36.0			2.98	144	2.06	54.2	1.16	11.8	0.74	3.83	0.51	1.52	0.374	0.716
131.4	36.5			3.02	148	2.09	55.7	1.17	12.1	0.75	3.93	0.52	1.56	0.38	0.733
133.2	37.0					2.12	57.3	1.19	12.4	0.76	4.03	0.523	1.60	0.385	0.754
135.0	37.5					2.15	58.8	1.21	12.7	0.77	4.13	0.53	1.64	0.39	0.772
136.8	38.0					2.18	60.4	1.22	13.0	0.78	4.23	0.54	1.68	0.395	0.789
138.6	38.5					2.21	62.0	1.24	13.4	0.79	4.33	0.545	1.72	0.40	0.808
140.4	39.0					2.24	63.6	1.25	13.7	0.80	4.44	0.55	1.76	0.405	0.826
142.2	39.5					2.27	65.3	1.27	14.1	0.81	4.54	0.56	1.81	0.41	0.848
144.0	40.0					2.29	66.9	1.29	14.4	0.82	4.63	0.57	1.85	0.42	0.866

注：表中 V 的单位为米/秒。

附 录 二

各种局部阻力系数 ξ 值

序号	管件名称	示意图	局部阻力系数 ξ 值							
1	突然扩大		A_1/A_2	0.01	0.1	0.2	0.4	0.6	0.8	0.9	1.0
			ξ	0.98	0.81	0.64	0.36	0.16	0.04	0.01	0
2	突然缩小		A_2/A_1	0.01	0.1	0.2	0.4	0.6	0.8	0.9	1.0
			ξ	0.5	0.47	0.45	0.34	0.25	0.16	0.09	0
3	带有滤网底阀		ξ = 5～10
4	三 通（丁字管）		ξ = 1.5
5	渐缩管		$\alpha \leq 45°$ ζ = 0.01
6	折 管		$\alpha°$	20°	40°	60°	80°	90°
			ξ	0.05	0.14	0.36	0.74	0.99
7	90°弯管（煨弯）		d (mm)	15	20	25	32	40	≥50
			ξ	1.5	1.5	1.0	1.0	0.5	0.5
8	逆止阀		ξ = 1.70
9	闸 阀		d (mm)	15	20	25	32	40	≥50
			ξ	1.5	0.5	0.5	0.5	0.5	0.5
10	截止阀		d (mm)	15	20	25	32	40	≥50
			ξ	16.0	10.0	9.0	9.0	8.0	7.0

附录三 排水管渠水力计算表

圆形断面 $D = 150$ mm（6英寸）

h/D	i ‰ 6		7		8		9		10		11		12	
	Q	V	Q	V	Q	V	Q	V	Q	V	Q	V	Q	V
0.10	0.23	0.25	0.25	0.27	0.27	0.29	0.28	0.31	0.30	0.33	0.31	0.34	0.33	0.36
0.15	0.52	0.32	0.56	0.35	0.60	0.37	0.64	0.40	0.67	0.42	0.70	0.44	0.73	0.46
0.20	0.98	0.39	1.05	0.42	1.13	0.45	1.20	0.47	1.26	0.50	1.32	0.52	1.38	0.55
0.25	1.52	0.44	1.64	0.47	1.75	0.51	1.86	0.54	1.96	0.57	2.06	0.59	2.15	0.62
0.30	2.18	0.49	2.35	0.53	2.51	0.56	2.67	0.60	2.81	0.63	2.95	0.66	3.08	0.69
0.35	2.91	0.53	3.15	0.57	3.36	0.61	3.57	0.65	3.76	0.68	3.94	0.71	4.12	0.75
0.40	3.75	0.57	4.04	0.61	4.32	0.65	4.58	0.69	4.83	0.73	5.07	0.76	5.29	0.80
0.45	4.64	0.60	5.00	0.65	5.34	0.69	5.67	0.73	5.97	0.77	6.26	0.81	6.54	0.85
0.50	5.56	0.63	6.00	0.68	6.41	0.72	6.80	0.77	7.17	0.81	7.51	0.85	7.85	0.89
0.55	6.51	0.65	7.03	0.70	7.51	0.75	7.97	0.80	8.40	0.84	8.81	0.88	9.20	0.92
0.60	7.46	0.67	8.06	0.73	8.61	0.78	9.14	0.82	9.63	0.87	10.1	0.91	10.5	0.95
0.65	8.41	0.69	9.08	0.74	9.70	0.80	10.3	0.84	10.8	0.89	11.4	0.93	11.9	0.97
0.70	9.30	0.70	10.0	0.76	10.7	0.81	11.4	0.86	12.0	0.91	12.5	0.95	13.1	0.99
0.75	10.1	0.71	10.9	0.77	11.7	0.82	12.4	0.87	13.1	0.92	13.7	0.96	14.3	1.01
0.80	10.9	0.72	11.7	0.77	12.5	0.83	13.3	0.88	14.0	0.92	14.6	0.97	15.3	1.01
0.85	11.4	0.71	12.4	0.77	13.2	0.82	14.0	0.87	14.8	0.92	15.5	0.96	16.2	1.01
0.90	11.8	0.71	12.8	0.76	13.7	0.81	14.5	0.86	15.3	0.91	16.0	0.95	16.7	1.00
0.95	11.9	0.69	12.9	0.74	13.8	0.79	14.6	0.84	15.4	0.89	16.1	0.93	16.9	0.97
1.00	11.1	0.63	12.0	0.68	12.8	0.72	13.6	0.77	14.3	0.81	15.0	0.85	15.7	0.89

h/D	i ‰ 13		14		15		16		17		18		19	
	Q	V	Q	V	Q	V	Q	V	Q	V	Q	V	Q	V
0.10	0.34	0.37	0.35	0.38	0.37	0.40	0.38	0.41	0.39	0.42	0.40	0.43	0.41	0.45
0.15	0.76	0.48	0.79	0.50	0.82	0.51	0.85	0.53	0.87	0.55	0.90	0.56	0.92	0.58
0.20	1.44	0.57	1.49	0.59	1.54	0.61	1.59	0.63	1.64	0.66	1.69	0.67	1.74	0.67
0.25	2.23	0.65	2.32	0.67	2.40	0.69	2.48	0.72	2.56	0.74	2.63	0.76	2.70	0.78
0.30	3.20	0.72	3.32	0.74	3.44	0.77	3.55	0.80	3.66	0.82	3.77	0.84	3.87	0.89
0.35	4.29	0.78	4.45	0.81	4.61	0.83	4.76	0.86	4.90	0.89	5.05	0.91	5.18	0.94
0.40	5.51	0.83	5.71	0.86	5.92	0.90	6.11	0.92	6.30	0.96	6.48	0.98	6.66	1.01
0.45	6.81	0.88	7.06	0.91	7.31	0.95	7.55	0.98	7.78	1.01	8.01	1.04	8.23	1.07
0.50	8.17	0.92	8.48	0.96	8.78	0.99	9.07	1.02	9.35	1.06	9.62	1.09	9.88	1.12
0.55	9.58	0.96	9.94	1.00	10.3	1.03	10.6	1.07	10.9	1.10	11.3	1.13	11.6	1.16
0.60	11.0	0.99	11.4	1.03	11.8	1.06	12.2	1.10	12.6	1.13	12.9	1.17	13.3	1.20
0.65	12.4	1.01	12.8	1.05	13.3	1.09	13.7	1.13	14.1	1.16	14.6	1.19	14.9	1.23
0.70	13.7	1.03	14.2	1.07	14.7	1.11	15.2	1.15	15.6	1.18	16.1	1.22	16.5	1.25
0.75	14.9	1.05	15.5	1.09	16.0	1.12	16.5	1.16	17.1	1.20	17.5	1.23	18.0	1.27
0.80	15.7	1.05	16.6	1.09	17.2	1.13	17.7	1.17	18.3	1.20	18.8	1.24	19.3	1.27
0.85	16.8	1.05	17.5	1.08	18.1	1.13	18.7	1.17	19.3	1.20	19.8	1.24	20.4	1.27
0.90	17.4	1.04	18.1	1.08	18.7	1.12	19.3	1.15	19.9	1.19	20.5	1.22	21.1	1.25
0.95	17.6	1.01	18.2	1.05	18.9	1.09	19.5	1.12	20.1	1.16	20.7	1.19	21.2	1.22
1.00	16.3	0.92	17.0	0.96	17.6	0.99	18.1	1.02	18.7	1.06	19.2	1.09	19.8	1.12

注：表中流量Q以L/s计，流速V以m/s计，粗糙系数以 $n = 0.014$ 计。

圆形断面 $D = 200\text{mm}$（8 英寸） 续表

h/D	i ‰												
	4		5		6		7		8		9		10	
	Q	V	Q	V	Q	V	Q	V	Q	V	Q	V	Q	V
0.10	0.40	0.25	0.45	0.28	0.50	0.30	0.54	0.33	0.57	0.35	0.61	0.37	0.64	0.39
0.15	0.95	0.32	1.06	0.36	1.16	0.39	1.26	0.42	1.34	0.45	1.42	0.48	1.50	0.51
0.20	1.71	0.38	1.91	0.43	2.09	0.47	2.26	0.50	2.41	0.54	2.56	0.57	2.70	0.60
0.25	2.66	0.43	2.98	0.49	3.26	0.53	3.52	0.58	3.76	0.61	4.00	0.65	4.21	0.69
0.30	3.81	0.48	4.26	0.54	4.67	0.59	5.05	0.64	5.39	0.68	5.72	0.72	6.03	0.76
0.35	5.11	0.52	5.71	0.58	6.26	0.64	6.76	0.69	7.22	0.74	7.67	0.78	8.08	0.82
0.40	6.56	0.56	7.34	0.62	8.04	0.69	8.69	0.74	9.28	0.79	9.85	0.84	10.4	0.88
0.45	8.11	0.59	9.07	0.66	9.94	0.72	10.7	0.78	11.5	0.84	12.2	0.89	12.8	0.94
0.50	9.73	0.62	10.9	0.69	11.9	0.76	12.9	0.82	13.8	0.88	14.6	0.93	15.4	0.98
0.55	11.4	0.64	12.7	0.72	14.0	0.79	15.1	0.85	16.1	0.91	17.1	0.97	18.0	10.2
0.60	13.1	0.66	14.6	0.74	16.0	0.81	17.3	0.89	18.5	0.94	19.6	1.00	20.7	1.05
0.65	14.7	0.68	16.5	0.76	18.0	0.83	19.5	0.90	20.8	0.96	22.1	1.02	23.3	1.08
0.70	16.3	0.69	18.2	0.78	20.0	0.85	21.6	0.92	23.0	0.98	24.4	1.04	25.8	1.10
0.75	17.7	0.70	19.8	0.79	21.8	0.86	23.5	0.93	25.1	0.99	26.6	1.05	28.1	1.11
0.80	19.0	0.71	21.3	0.79	23.3	0.87	25.2	0.93	26.9	1.00	28.6	1.06	30.1	1.12
0.85	20.0	0.70	22.4	0.79	24.6	0.86	26.6	0.93	28.4	1.00	30.1	1.06	31.7	1.12
0.90	20.7	0.70	23.2	0.78	25.4	0.85	27.5	0.92	29.3	0.99	31.1	1.05	32.8	1.10
0.95	20.9	0.68	23.4	0.76	25.6	0.83	27.7	0.90	29.6	0.96	31.4	1.02	33.1	1.07
1.00	19.5	0.62	21.8	0.69	23.9	0.76	25.8	0.82	27.5	0.88	29.2	0.93	30.8	0.98

h/D	i ‰												
	11		12		13		14		15		16		17	
	Q	V	Q	V	Q	V	Q	V	Q	V	Q	V	Q	V
0.10	0.67	0.41	0.70	0.43	0.73	0.45	0.76	0.46	0.78	0.48	0.81	0.50	0.83	0.51
0.15	1.57	0.53	1.64	0.55	1.71	0.58	1.77	0.60	1.84	0.62	1.90	0.64	1.96	0.67
0.20	2.83	0.63	2.96	0.66	3.08	0.69	3.19	0.71	3.31	0.74	3.42	0.76	3.52	0.79
0.25	4.42	0.72	4.61	0.75	4.80	0.78	4.98	0.81	5.16	0.84	5.33	0.87	5.49	0.90
0.30	6.32	0.80	6.60	0.83	6.87	0.87	7.13	0.90	7.39	0.93	7.63	0.96	7.86	0.99
0.35	8.48	0.86	8.85	0.90	9.21	0.94	9.56	0.97	9.90	1.01	10.2	1.04	10.5	1.07
0.40	10.9	0.93	11.4	0.97	11.8	1.01	12.3	1.05	12.7	1.08	13.1	1.12	13.5	1.15
0.45	13.5	0.98	14.0	1.02	14.6	1.07	15.2	1.11	15.7	1.15	16.2	1.18	16.7	1.22
0.50	16.1	1.03	16.9	1.07	17.6	1.13	18.2	1.16	18.9	1.20	19.5	1.24	20.1	1.28
0.55	18.9	1.07	19.7	1.11	20.6	1.16	21.3	1.20	22.1	1.25	22.8	1.29	23.5	1.33
0.60	21.7	1.10	22.6	1.15	23.6	1.20	24.5	1.24	25.3	1.29	26.2	1.33	27.0	1.37
0.65	24.4	1.13	25.5	1.18	26.5	1.23	27.5	1.27	28.6	1.32	29.5	1.36	30.4	1.40
0.70	27.0	1.15	28.2	1.20	29.4	1.25	30.5	1.30	31.6	1.34	32.6	1.39	33.6	1.43
0.75	29.5	1.17	30.7	1.22	32.0	1.27	33.2	1.31	34.4	1.36	35.5	1.41	36.6	1.45
0.80	31.6	1.17	32.9	1.22	34.3	1.27	35.6	1.32	36.9	1.37	38.1	1.41	39.2	1.46
0.85	33.3	1.17	34.7	1.22	36.2	1.27	37.5	1.32	38.9	1.37	40.1	1.41	41.4	1.45
0.90	34.4	1.16	35.9	1.21	37.4	1.26	38.8	1.30	40.2	1.35	41.6	1.40	42.8	1.44
0.95	34.7	1.13	36.2	1.17	37.7	1.22	39.1	1.27	40.5	1.31	41.8	1.36	43.1	1.40
1.00	32.3	1.03	33.7	1.07	35.1	1.12	36.4	1.16	37.7	1.20	38.9	1.24	40.1	1.28

圆形断面 $D = 250$ mm(10英寸) 续表

h/D	i ‰												
	3		3.5		4		4.5		5		5.5		6	
	Q	V	Q	V	Q	V	Q	V	Q	V	Q	V	Q	V
0.10	0.64	0.25	0.69	0.27	0.74	0.29	0.79	0.31	0.83	0.32	0.87	0.34	0.91	0.35
0.15	1.49	0.32	1.60	0.35	1.71	0.37	1.82	0.39	1.92	0.42	2.01	0.44	2.10	0.46
0.20	2.68	0.38	2.89	0.41	3.09	0.44	3.28	0.47	3.46	0.49	3.63	0.52	3.79	0.54
0.25	4.19	0.44	4.52	0.47	4.83	0.50	5.13	0.53	5.40	0.56	5.67	0.59	5.92	0.62
0.30	5.99	0.48	6.48	0.52	6.91	0.56	7.33	0.59	7.73	0.62	8.11	0.65	8.47	0.68
0.35	8.02	0.52	8.68	0.57	9.25	0.60	9.83	0.64	10.3	0.68	10.9	0.71	11.3	0.74
0.40	10.3	0.56	11.1	0.61	11.9	0.65	12.6	0.69	13.3	0.73	14.0	0.76	14.6	0.80
0.45	12.7	0.59	13.8	0.64	14.7	0.69	15.6	0.73	16.4	0.77	17.2	0.81	18.0	0.84
0.50	15.3	0.62	16.5	0.67	17.6	0.72	18.7	0.76	19.7	0.80	20.7	0.84	21.6	0.88
0.55	17.9	0.65	19.3	0.70	20.7	0.75	21.9	0.79	23.1	0.84	24.3	0.88	25.3	0.92
0.60	20.5	0.67	22.2	0.72	23.7	0.77	25.1	0.82	26.5	0.86	27.8	0.90	29.0	0.94
0.65	23.1	0.69	25.0	0.74	26.7	0.79	28.3	0.84	29.8	0.88	31.3	0.93	32.7	0.97
0.70	25.6	0.70	27.7	0.75	29.5	0.80	31.3	0.85	33.0	0.90	34.7	0.94	36.2	0.99
0.75	27.9	0.71	30.2	0.76	32.2	0.81	34.1	0.86	36.0	0.91	37.8	0.96	39.4	1.00
0.80	29.9	0.71	32.3	0.77	34.5	0.82	36.6	0.87	38.6	0.92	40.5	0.96	42.3	1.00
0.85	31.5	0.71	34.1	0.77	36.3	0.82	38.6	0.87	40.7	0.92	42.7	0.96	44.6	1.00
0.90	32.6	0.70	35.2	0.76	37.6	0.81	39.9	0.86	42.0	0.90	44.1	0.95	46.1	0.99
0.95	32.9	0.68	35.5	0.74	37.9	0.79	40.2	0.84	42.4	0.88	44.5	0.92	46.5	0.96
1.00	30.6	0.62	33.0	0.67	35.3	0.72	37.4	0.76	39.5	0.80	41.4	0.84	43.2	0.88

h/D	i ‰												
	6.5		7		8		9		10		11		12	
	Q	V	Q	V	Q	V	Q	V	Q	V	Q	V	Q	V
0.10	0.94	0.37	0.98	0.38	1.05	0.41	1.11	0.43	1.17	0.46	1.23	0.48	1.28	0.50
0.15	2.18	0.47	2.27	0.49	2.42	0.53	2.57	0.56	2.71	0.59	2.84	0.62	2.97	0.64
0.20	3.94	0.56	4.09	0.59	4.37	0.62	4.64	0.66	4.89	0.70	5.13	0.73	5.35	0.77
0.25	6.16	0.64	6.39	0.67	6.84	0.71	7.25	0.76	7.64	0.80	8.01	0.84	8.37	0.87
0.30	8.81	0.71	9.15	0.74	9.77	0.79	10.4	0.84	10.9	0.88	11.5	0.93	12.0	0.97
0.35	11.8	0.77	12.2	0.80	13.1	0.85	13.9	0.91	14.6	0.96	15.4	1.00	16.0	1.05
0.40	15.2	0.83	15.7	0.86	16.8	0.92	17.8	0.97	18.8	1.03	19.7	1.08	20.6	1.12
0.45	18.7	0.87	19.5	0.91	20.8	0.97	22.1	1.03	23.2	1.09	24.4	1.14	25.5	1.19
0.50	22.5	0.92	23.4	0.95	25.0	1.02	26.5	1.08	27.9	1.14	29.3	1.19	30.6	1.24
0.55	26.3	0.95	27.4	0.99	29.2	1.06	31.0	1.12	32.7	1.18	34.3	1.24	35.8	1.29
0.60	30.2	0.98	31.4	1.02	33.5	1.09	35.6	1.16	37.5	1.22	39.3	1.28	41.0	1.33
0.65	34.0	1.01	35.3	1.05	37.7	1.12	40.1	1.19	42.2	1.25	44.3	1.31	46.2	1.37
0.70	37.7	1.03	39.1	1.07	41.8	1.14	44.3	1.21	46.7	1.27	49.0	1.34	51.2	1.39
0.75	41.0	1.04	42.6	1.08	45.5	1.15	48.3	1.22	50.9	1.29	53.4	1.35	55.7	1.41
0.80	44.0	1.04	45.6	1.08	48.8	1.16	51.8	1.23	54.5	1.30	57.2	1.36	59.7	1.42
0.85	46.3	1.04	48.1	1.08	51.4	1.16	54.6	1.23	57.5	1.30	60.3	1.36	63.0	1.42
0.90	47.7	1.03	49.8	1.07	53.2	1.14	56.4	1.21	59.5	1.28	62.4	1.34	65.1	1.40
0.95	48.3	1.01	50.2	1.04	53.7	1.11	56.9	1.18	60.0	1.25	62.9	1.31	65.7	1.36
1.00	45.0	0.92	46.7	0.95	49.9	1.02	53.0	1.08	55.8	1.14	58.5	1.19	61.1	1.24

圆形断面 $D=300$ mm（12英寸） 续表

h/D	i ‰												
	2.5		3		3.5		4		4.5		5		5.5	
	Q	V	Q	V	Q	V	Q	V	Q	V	Q	V	Q	V
0.10	0.95	0.26	1.04	0.28	1.12	0.30	1.20	0.33	1.27	0.35	1.34	0.36	1.41	0.38
0.15	2.21	0.33	2.42	0.36	2.61	0.39	2.79	0.42	2.96	0.45	3.12	0.47	3.27	0.49
0.20	3.98	0.40	4.36	0.43	4.71	0.47	5.03	0.50	5.34	0.53	5.63	0.56	5.91	0.59
0.25	6.22	0.45	6.82	0.49	7.36	0.53	7.86	0.57	8.35	0.60	8.80	0.64	9.23	0.67
0.30	8.90	0.50	9.75	0.55	10.5	0.59	11.2	0.63	11.9	0.67	12.6	0.70	13.2	0.74
0.35	11.9	0.54	13.1	0.59	14.1	0.64	15.1	0.68	16.0	0.73	16.8	0.76	17.7	0.80
0.40	15.3	0.58	16.8	0.64	18.1	0.69	19.3	0.73	20.5	0.78	21.6	0.82	22.7	0.86
0.45	18.9	0.61	20.7	0.67	22.4	0.73	23.9	0.77	25.4	0.82	26.7	0.87	28.1	0.91
0.50	22.7	0.64	24.9	0.70	26.9	0.76	28.7	0.81	30.5	0.86	32.1	0.91	33.7	0.95
0.55	26.6	0.67	29.1	0.73	31.5	0.79	33.6	0.84	35.7	0.90	37.6	0.94	39.5	0.99
0.60	30.5	0.69	33.4	0.76	36.1	0.82	38.6	0.87	40.9	0.92	43.1	0.97	45.3	1.02
0.65	34.3	0.70	37.6	0.77	40.7	0.84	43.4	0.89	46.1	0.95	48.6	0.00	51.1	1.05
0.70	38.0	0.72	41.7	0.79	45.0	0.85	48.1	0.91	51.0	0.97	53.8	0.02	56.4	1.07
0.75	41.4	0.73	45.4	0.80	49.0	0.86	52.4	0.92	55.6	0.98	58.6	1.03	61.5	1.08
0.80	44.4	0.73	48.6	0.80	52.6	0.87	56.1	0.93	59.6	0.98	62.8	1.04	65.9	1.09
0.85	46.8	0.73	51.3	0.80	55.4	0.87	59.2	0.92	62.8	0.98	66.2	1.03	69.4	1.08
0.90	48.4	0.72	53.0	0.79	57.3	0.86	61.2	0.91	65.0	0.97	68.4	1.02	71.8	1.07
0.95	48.8	0.70	53.5	0.77	57.8	0.83	61.7	0.89	65.5	0.94	69.0	0.99	72.4	1.04
1.00	45.4	0.64	49.8	0.70	53.8	0.76	57.4	0.81	60.9	0.86	64.2	0.91	67.4	0.95

h/D	i ‰												
	6		7		8		9		10		11		12	
	Q	V	Q	V	Q	V	Q	V	Q	V	Q	V	Q	V
0.10	1.47	0.40	1.59	0.43	1.70	0.46	1.80	0.49	1.90	0.52	1.99	0.54	2.08	0.56
0.15	3.42	0.51	3.69	0.56	3.94	0.59	4.19	0.63	4.41	0.66	4.63	0.70	4.83	0.73
0.20	6.17	0.61	6.66	0.66	7.12	0.71	7.55	0.75	7.96	0.79	8.35	0.83	8.72	0.87
0.25	9.64	0.70	10.4	0.75	11.1	0.80	11.8	0.85	12.4	0.90	13.0	0.94	13.6	0.99
0.30	13.8	0.77	14.9	0.83	15.9	0.89	16.9	0.95	17.8	1.00	18.7	1.05	19.5	1.09
0.35	18.5	0.84	19.9	0.90	21.3	0.97	22.6	1.03	23.8	1.08	25.0	1.13	26.1	1.18
0.40	23.7	0.90	25.6	0.97	27.4	1.04	29.0	1.10	30.6	1.16	32.1	1.22	33.5	1.27
0.45	29.3	0.95	31.7	1.03	33.8	1.10	35.9	1.16	37.8	1.23	39.7	1.29	41.4	1.34
0.50	35.2	1.00	38.0	1.08	40.6	1.15	43.1	1.22	45.4	1.29	47.6	1.35	49.7	1.41
0.55	41.2	1.03	44.5	1.12	47.6	1.19	50.5	1.27	53.2	1.34	55.8	1.40	58.2	1.46
0.60	47.3	1.07	51.1	1.15	54.5	1.23	57.9	1.31	61.0	1.38	64.0	1.45	66.8	1.51
0.65	53.2	1.09	57.5	1.18	61.4	1.26	65.2	1.34	68.7	1.41	72.1	1.48	75.2	1.55
0.70	58.9	1.12	63.6	1.20	68.0	1.29	72.2	1.37	76.0	1.44	79.8	1.51	83.3	1.58
0.75	64.2	1.13	69.3	1.22	74.1	1.30	78.6	1.38	82.8	1.46	86.9	1.53	90.7	1.59
0.80	68.8	1.14	74.3	1.23	79.4	1.31	84.2	1.39	88.8	1.47	93.1	1.54	97.2	1.60
0.85	72.5	1.13	78.3	1.22	83.7	1.31	8.88	1.39	93.6	1.46	98.2	1.53	102.5	1.60
0.90	75.0	1.12	81.0	1.21	86.5	1.29	91.9	1.37	96.8	1.45	101.5	1.52	106.0	1.58
0.95	75.6	1.09	81.7	1.18	87.3	1.26	92.6	1.34	97.6	1.41	102.4	1.48	106.9	1.54
1.00	70.4	1.00	76.0	1.08	81.2	1.15	86.2	1.22	90.8	1.29	95.3	1.35	99.6	1.41

圆形断面 $D=350\,\mathrm{mm}$（14英寸） 续表

h/D	i ‰												
	2		2.5		3		3.5		4		4.5		5	
	Q	V	Q	V	Q	V	Q	V	Q	V	Q	V	Q	V
0.10	1.28	0.26	1.43	0.29	1.57	0.31	1.69	0.34	1.81	0.36	1.92	0.38	2.02	0.40
0.15	2.97	0.33	3.33	0.37	3.64	0.40	3.94	0.44	4.20	0.46	4.46	0.49	4.70	0.52
0.20	5.36	0.39	5.99	0.44	6.57	0.48	7.10	0.52	7.58	0.55	8.05	0.59	8.48	0.62
0.25	8.38	0.45	9.37	0.50	10.3	0.55	11.1	0.59	11.8	0.63	12.6	0.67	13.2	0.70
0.30	12.0	0.49	13.4	0.55	14.7	0.60	15.9	0.65	16.9	0.70	18.0	0.74	18.9	0.78
0.35	16.1	0.54	18.0	0.60	19.7	0.66	21.3	0.71	22.7	0.76	24.1	0.80	25.4	0.85
0.40	20.6	0.57	23.1	0.64	25.3	0.70	27.3	0.76	29.2	0.81	31.0	0.86	32.6	0.91
0.45	25.5	0.61	28.5	0.68	31.3	0.74	33.8	0.80	36.0	0.86	38.3	0.91	40.8	0.96
0.50	30.6	0.64	34.2	0.71	37.5	0.78	40.5	0.84	43.3	0.90	45.9	0.95	48.4	1.01
0.55	35.8	0.66	40.1	0.74	43.9	0.81	47.5	0.88	50.7	0.93	53.8	0.99	56.7	1.05
0.60	41.1	0.68	46.0	0.76	50.4	0.84	54.4	0.90	58.1	0.96	61.7	1.02	65.0	1.08
0.65	46.3	0.70	51.8	0.78	56.7	0.86	61.3	0.93	65.4	0.99	69.5	1.05	73.2	1.11
0.70	51.2	0.71	57.3	0.80	62.8	0.87	67.8	0.94	72.4	1.01	76.9	1.07	81.0	1.13
0.75	55.8	0.72	62.4	0.81	68.4	0.88	73.9	0.95	78.9	1.02	83.8	1.08	88.3	1.14
0.80	59.8	0.73	66.9	0.81	73.3	0.89	79.2	0.96	84.6	1.03	87.8	1.09	94.6	1.15
0.85	63.1	0.72	70.5	0.81	77.3	0.89	83.5	0.96	89.2	1.02	94.7	1.09	99.7	1.14
0.90	65.2	0.72	72.9	0.80	79.9	0.88	86.4	0.95	92.2	1.01	97.9	1.07	103.1	1.13
0.95	65.8	0.70	73.6	0.78	80.6	0.85	87.1	0.92	93.0	0.98	98.7	1.05	104.0	1.10
1.00	61.2	0.64	68.5	0.71	75.0	0.78	81.0	0.84	86.5	0.90	91.9	0.95	96.8	1.01

h/D	i ‰												
	5.5		6.0		7		8		9		10		11	
	Q	V	Q	V	Q	V	Q	V	Q	V	Q	V	Q	V
0.10	2.12	0.42	2.22	0.44	2.39	0.48	2.56	0.51	2.71	0.54	2.86	0.57	3.00	0.60
0.15	4.93	0.55	5.15	0.57	5.57	0.62	5.95	0.66	6.31	0.70	6.65	0.74	6.98	0.77
0.20	8.90	0.65	9.29	0.68	10.0	0.74	10.7	0.78	11.4	0.83	12.0	0.87	12.6	0.92
0.25	13.9	0.74	14.5	0.77	15.7	0.83	16.7	0.89	17.8	0.95	18.7	1.00	19.7	1.05
0.30	19.9	0.82	20.8	0.86	22.4	0.92	24.0	0.99	25.4	1.05	26.8	1.10	28.1	1.16
0.35	26.6	0.89	27.8	0.93	30.1	1.00	32.1	1.07	34.1	1.14	35.9	1.20	37.7	1.26
0.40	34.2	0.95	35.8	1.00	38.6	1.07	41.2	1.15	43.8	1.22	46.1	1.28	48.4	1.35
0.45	42.3	1.01	44.2	1.05	47.7	1.14	51.0	1.21	54.1	1.29	57.0	1.36	59.8	1.42
0.50	50.8	1.06	53.1	1.10	57.3	1.19	61.2	1.27	65.0	1.35	68.5	1.42	71.8	1.49
0.55	59.5	1.10	62.2	1.15	67.1	1.24	71.7	1.32	76.1	1.40	80.2	1.48	84.1	1.55
0.60	68.2	1.13	71.3	1.18	77.0	1.28	82.2	1.36	87.3	1.45	92.0	1.53	96.5	1.60
0.65	76.8	1.16	80.2	1.21	86.7	1.31	92.6	1.40	98.3	1.48	103.5	1.56	108.6	1.64
0.70	85.0	1.18	88.8	1.23	95.9	1.33	102.5	1.42	108.8	1.51	114.6	1.59	120.2	1.67
0.75	92.6	1.20	96.8	1.25	104.5	1.35	111.6	1.44	118.5	1.53	124.9	1.61	131.0	1.69
0.80	99.3	1.20	103.7	1.26	112.0	1.36	119.6	1.45	127.0	1.54	133.8	1.62	140.4	1.70
0.85	104.7	1.20	109.3	1.25	118.1	1.36	126.1	1.45	133.9	1.54	141.1	1.62	148.0	1.70
0.90	108.3	1.19	113.1	1.24	122.1	1.34	130.4	1.43	138.5	1.52	145.9	1.60	153.0	1.68
0.95	109.2	1.16	114.0	1.21	123.1	1.30	131.5	1.39	139.6	1.48	147.1	1.56	154.3	1.63
1.00	101.6	1.06	106.1	1.10	114.6	1.19	122.4	1.27	129.9	1.35	136.9	1.42	143.6	1.49

圆形断面 $D=400$ mm（16英寸） 续表

h/D	i ‰													
	1.5		1.6		1.8		2		2.5		3		3.5	
	Q	V	Q	V	Q	V	Q	V	Q	V	Q	V	Q	V
0.10	1.58	0.24	1.63	0.25	1.73	0.26	1.82	0.28	2.04	0.31	2.24	0.34	2.42	0.37
0.15	3.68	0.31	3.80	0.32	4.03	0.34	4.25	0.36	4.75	0.40	5.21	0.44	5.62	0.48
0.20	6.63	0.37	6.85	0.38	7.26	0.41	7.65	0.43	8.56	0.48	9.38	0.52	10.1	0.57
0.25	10.3	0.42	10.7	0.44	11.3	0.46	12.0	0.49	13.4	0.54	14.7	0.60	15.8	0.64
0.30	14.8	0.47	15.3	0.48	16.2	0.51	17.1	0.54	19.1	0.60	21.0	0.68	22.6	0.72
0.35	19.8	0.51	20.5	0.52	21.7	0.55	22.9	0.58	25.6	0.65	28.1	0.72	30.3	0.77
0.40	25.5	0.54	26.3	0.56	27.9	0.59	29.4	0.63	32.9	0.70	36.1	0.77	39.0	0.83
0.45	31.5	0.57	32.6	0.59	34.5	0.63	36.4	0.66	40.7	0.74	44.6	0.81	48.2	0.88
0.50	37.8	0.60	39.1	0.62	41.4	0.66	43.7	0.70	48.8	0.78	53.5	0.85	57.8	0.92
0.55	44.3	0.63	45.8	0.65	48.5	0.69	51.2	0.72	57.2	0.81	62.7	0.89	67.7	0.96
0.60	50.8	0.65	52.5	0.67	55.6	0.71	58.7	0.75	65.6	0.83	71.9	0.91	77.7	0.99
0.65	57.2	0.66	59.1	0.68	62.7	0.72	66.1	0.76	73.9	0.85	81.0	0.94	87.5	1.01
0.70	63.3	0.67	65.4	0.70	69.3	0.74	73.1	0.78	81.8	0.87	89.6	0.95	96.8	1.03
0.75	69.0	0.68	71.3	0.71	75.6	0.75	79.7	0.79	89.1	0.88	97.6	0.97	105.5	1.04
0.80	73.9	0.69	76.4	0.71	81.0	0.75	85.4	0.79	95.5	0.89	104.6	0.97	113.0	1.05
0.85	77.9	0.68	80.5	0.71	85.4	0.75	90.0	0.79	100.7	0.88	110.3	0.97	119.2	1.05
0.90	80.6	0.68	83.3	0.70	88.3	0.74	93.1	0.78	104.1	0.87	114.1	0.96	123.3	1.03
0.95	81.3	0.66	84.0	0.68	89.0	0.72	93.9	0.76	105.0	0.85	115.1	0.93	124.3	1.01
1.00	75.6	0.60	78.2	0.62	82.8	0.66	87.3	0.70	97.7	0.78	107.1	0.85	115.7	0.92

h/D	i ‰													
	4		4.5		5		6		7		8		9	
	Q	V	Q	V	Q	V	Q	V	Q	V	Q	V	Q	V
0.10	2.58	0.39	2.74	0.42	2.88	0.44	3.16	0.48	3.41	0.52	3.65	0.56	3.87	0.59
0.15	6.00	0.51	6.37	0.54	6.72	0.57	7.36	0.62	7.95	0.67	8.49	0.72	9.02	0.76
0.20	10.8	0.60	11.5	0.64	12.1	0.68	13.3	0.74	14.3	0.80	15.3	0.85	16.2	0.91
0.25	16.9	0.69	17.9	0.73	18.9	0.77	20.7	0.84	22.4	0.91	23.9	0.97	25.4	1.03
0.30	24.2	0.76	25.7	0.81	27.0	0.85	29.6	0.94	32.0	1.01	34.2	1.08	36.3	1.15
0.35	32.4	0.83	34.4	0.88	36.2	0.93	39.7	1.01	42.9	1.09	45.8	1.17	48.7	1.24
0.40	41.6	0.89	44.2	0.94	46.6	0.99	51.0	1.09	55.1	1.17	58.9	1.25	62.5	1.33
0.45	51.4	0.94	54.6	1.00	57.5	1.05	63.1	1.15	68.1	1.24	72.8	1.33	77.2	1.41
0.50	61.7	0.98	65.6	1.04	69.1	1.10	75.7	1.21	81.8	1.30	87.3	1.39	92.7	1.48
0.55	72.3	1.02	76.8	1.08	80.9	1.14	88.7	1.25	95.8	1.36	102.3	1.44	108.6	1.53
0.60	82.9	1.05	88.1	1.12	92.8	1.18	101.7	1.29	109.9	1.41	117.3	1.49	124.6	1.58
0.65	93.4	1.08	99.2	1.15	104.5	1.21	114.5	1.32	123.7	1.43	132.1	1.53	140.2	1.62
0.70	103.4	1.10	109.8	1.17	115.6	1.23	126.8	1.35	136.9	1.46	146.2	1.55	155.2	1.65
0.75	112.6	1.11	119.7	1.18	126.0	1.25	138.1	1.37	149.1	1.48	159.3	1.58	169.1	1.67
0.80	120.7	1.12	128.1	1.19	135.0	1.25	148.0	1.37	159.8	1.48	170.7	1.58	181.2	1.68
0.85	127.2	1.12	135.1	1.19	142.3	1.25	156.0	1.37	168.5	1.48	180.0	1.58	191.1	1.68
0.90	131.6	1.10	139.7	1.17	147.2	1.24	161.4	1.35	174.3	1.46	186.2	1.56	197.6	1.66
0.95	132.7	1.08	140.9	1.14	148.4	1.20	162.8	1.32	175.7	1.48	187.7	1.52	199.3	1.62
1.00	128.5	0.98	131.1	1.04	138.1	1.10	151.4	1.21	163.5	1.30	174.7	1.39	185.4	1.48

附 录 四

钢管（水煤气管）的1000i和V值

Q		DN (mm)													
		8		10		15		20		25		32		40		50		70	
(m³/h)	(L/s)	V	1000i	V	1000i	V	1000i	V	1000i	V	1000i	V	1000i	V	1000i	V	1000i	V	1000i
0.09	0.025	0.50	162																
0.108	0.030	0.60	226																
0.126	0.035	0.70	300	0.34	50.4														
0.144	0.040	0.80	384	0.38	63.9														
0.162	0.045	0.89	476	0.43	79.0														
0.180	0.050	0.99	580	0.48	95.5														
0.198	0.055	1.09	692	0.53	113														
0.216	0.060	1.19	815	0.58	133														
0.234	0.065	1.29	953	0.63	154	0.26	23.5												
0.252	0.070	1.39	1105	0.67	176	0.29	28.4												
0.270	0.075	1.49	1268	0.72	200	0.32	33.8												
0.288	0.080	1.59	1443	0.77	225	0.35	39.2												
0.306	0.085	1.69	1629	0.82	252	0.38	45.2												
0.324	0.090	1.79	1827	0.87	280	0.41	51.8												
0.342	0.095	1.89	2035	0.91	310	0.44	58.6												
0.360	0.10	1.99	2255	0.96	340	0.47	65.7	0.25	14.0										
0.396	0.11	2.19	2729	1.06	406	0.50	73.3	0.26	15.6										
0.432	0.12	2.39	3247	1.15	478	0.53	81.5	0.28	17.3										
0.468	0.13	2.59	3811	1.25	557	0.56	89.8	0.29	19.1										
0.504	0.14	2.78	4420	1.35	646	0.58	98.5	0.31	20.8										
0.540	0.15	2.98	5074	1.44	742	0.64	117	0.34	24.7	0.21	7.36								
0.576	0.16			1.54	843	0.70	137	0.37	28.8	0.23	8.59								
0.612	0.17			1.64	953	0.76	159	0.40	33.3	0.24	9.91								
0.648	0.18			1.73	1068	0.82	182	0.43	38.0	0.26	11.3								
0.684	0.19			1.83	1189	0.88	208	0.46	43.0	0.28	12.7								
0.72	0.20			1.92	1318	0.94	234	0.50	48.5	0.30	14.3								
1.08	0.30			2.41	2059	0.99	262	0.53	54.1	0.32	15.9								
1.26	0.35			2.89	2965	1.05	291	0.56	60.1	0.34	17.6								
1.44	0.40			3.37	4036	1.11	322	0.59	66.3	0.36	19.4								
1.62	0.45					1.17	354	0.62	72.7	0.38	21.3	0.20	4.75						
1.80	0.50					1.46	551	0.78	109	0.47	31.8	0.21	5.22						
1.98	0.55					1.76	793	0.93	153	0.56	44.2	0.26	7.70	0.20	3.92				
2.16	0.60					2.05	1079	1.09	204	0.66	58.6	0.32	10.7	0.24	5.42				
2.34	0.65					2.34	1409	1.24	263	0.75	74.8	0.37	14.1	0.28	7.08				
2.52	0.70					2.63	1784	1.40	333	0.85	93.2	0.42	17.9	0.32	8.98	0.21	3.12		
2.70	0.75					2.93	2202	1.55	411	0.94	113	0.47	22.1	0.36	11.1	0.23	3.74		
2.88	0.80					3.22	2665	1.71	497	1.04	135	0.53	26.7	0.40	13.4	0.26	4.44		
3.06	0.85							1.86	591	1.13	159	0.58	31.8	0.44	15.9	0.28	5.16		
3.24	0.90							2.02	694	1.22	185	0.63	37.3	0.48	18.4	0.31	5.97		
								2.17	805	1.32	214	0.68	43.1	0.52	21.5	0.33	6.83	0.20	1.99
								2.33	924	1.41	246	0.74	49.5	0.56	24.6	0.35	7.70	0.21	2.26
								2.48	1051	1.51	279	0.79	56.2	0.60	28.3	0.38	8.52	0.23	2.53
								2.64	1187	1.60	316	0.84	63.2	0.64	31.4	0.40	9.63	0.24	2.81
								2.79	1330	1.69	354	0.90	70.7	0.68	35.1	0.42	10.7	0.25	3.11
												0.95	78.7	0.72	39.0				

续表

Q		DN (mm)												
		25		32		40		50		70		80		
(m³/h)	(L/s)	V	1000i	V	1000i	V	1000i	V	1000i	V	1000i	V	1000i	

Q		25		32		40		50		70		80		100		125	
(m³/h)	(L/s)	V	1000i	V	1000i	V	1000i	V	1000i	V	1000i	V	1000i	V	1000i	V	1000i
3.42	0.95	1.79	394	1.00	86.9	0.76	43.1	0.45	11.8	0.27	3.42						
3.60	1.0	1.88	437	1.05	95.7	0.80	47.3	0.47	12.9	0.28	3.76						
3.78	1.05	1.98	481	1.11	105	0.84	51.8	0.49	14.1	0.30	4.09						
3.96	1.1	2.07	528	1.16	114	0.87	56.4	0.52	15.3	0.31	4.44						
4.14	1.15	2.17	578	1.21	124	0.91	61.3	0.54	16.6	0.33	4.81						
4.32	1.2	2.26	629	1.27	135	0.95	66.6	0.56	18.0	0.34	5.18	0.24	2.27				
4.50	1.25	2.35	682	1.32	147	0.99	71.6	0.59	19.4	0.35	5.57	0.25	2.44				
4.68	1.3	2.45	738	1.37	159	1.03	76.9	0.61	20.8	0.37	5.99	0.26	2.61				
4.86	1.35	2.54	796	1.42	171	1.07	82.5	0.64	22.3	0.38	6.41	0.27	2.79				
5.04	1.4	2.64	856	1.48	184	1.11	88.4	0.66	23.7	0.40	6.83	0.28	2.97				
5.22	1.45	2.73	918	1.53	197	1.15	94.4	0.68	25.4	0.41	7.27	0.29	3.16				
5.40	1.5	2.82	983	1.58	211	1.19	101	0.71	27.0	0.42	7.72	0.30	3.36				
5.58	1.55	2.92	1049	1.63	226	1.23	107	0.73	28.7	0.44	8.22	0.31	3.56				
5.76	1.6	3.01	1118	1.69	240	1.27	114	0.75	30.4	0.45	8.70	0.32	3.76				
5.94	1.65			1.74	256	1.31	121	0.78	32.2	0.47	9.19	0.33	3.97				
6.12	1.7			1.79	271	1.35	129	0.80	34.0	0.48	9.69	0.34	4.19	0.20	1.09		
6.30	1.75			1.85	287	1.39	136	0.82	35.9	0.50	10.2	0.35	4.41	0.202	1.15		
6.48	1.8			1.90	304	1.43	144	0.85	37.8	0.51	10.7	0.36	4.66	0.21	1.21		
6.66	1.85			1.95	321	1.47	152	0.87	39.7	0.52	11.3	0.37	4.89	0.214	1.27		
6.84	1.9			2.00	339	1.51	161	0.89	41.8	0.54	11.9	0.38	5.13	0.22	1.32		
7.02	1.95			2.06	357	1.55	169	0.92	43.8	0.55	12.4	0.39	5.37	0.225	1.39		
7.20	2.0			2.11	375	1.59	178	0.94	46.0	0.57	13.0	0.40	5.62	0.23	1.47		
7.56	2.1			2.21	414	1.67	196	0.99	50.3	0.60	14.2	0.42	6.13	0.24	1.58		
7.92	2.2			2.32	454	1.75	216	1.04	54.9	0.62	15.5	0.44	6.66	0.25	1.72		
8.28	2.3			2.43	497	1.83	236	1.08	59.6	0.65	16.8	0.46	7.22	0.27	1.87		
8.64	2.4			2.53	541	1.91	256	1.13	64.5	0.68	18.2	0.48	7.79	0.28	2.00		
9.00	2.5			2.64	587	1.99	278	1.18	69.6	0.71	19.6	0.50	8.41	0.20	2.16		
9.36	2.6			2.74	635	2.07	301	1.22	74.9	0.74	21.0	0.52	9.03	0.30	2.31		
9.72	2.7			2.85	684	2.15	325	1.27	80.8	0.77	22.6	0.54	9.66	0.31	2.48		
10.08	2.8			2.95	736	2.23	349	1.32	86.9	0.79	24.1	0.56	10.3	0.32	2.63		
10.44	2.9					2.31	374	1.37	93.2	0.82	25.7	0.58	11.0	0.33	2.81	0.20	0.825
10.80	3.0					2.39	400	1.41	99.8	0.85	27.4	0.60	11.7	0.35	2.98	0.203	0.878
11.16	3.1					2.47	428	1.46	107	0.88	29.1	0.62	12.4	0.36	3.17	0.21	0.940
11.52	3.2					2.55	456	1.51	114	0.91	30.9	0.64	13.2	0.37	3.36	0.22	0.995
11.88	3.3					2.63	485	1.55	121	0.94	32.7	0.66	13.9	0.38	3.54	0.23	1.06
12.24	3.4					2.71	515	1.60	128	0.96	34.5	0.68	14.7	0.39	3.74	0.233	1.12
12.60	3.5					2.78	545	1.65	136	0.99	36.5	0.70	15.5	0.40	3.93	0.24	1.19
12.96	3.6					2.86	577	1.69	144	1.02	38.4	0.72	16.3	0.42	4.14	0.25	1.26
13.32	3.7					2.94	610	1.74	152	1.05	40.4	0.74	17.2	0.43	4.34	0.26	1.32
13.68	3.8					3.02	643	1.79	160	1.08	42.5	0.76	18.0	0.44	4.57	0.264	1.40
																0.27	1.46
																0.28	1.54
																0.29	1.61

149

续表

Q		DN (mm)									
		50		70		80		100		125		150	
(m³/h)	(L/s)	V	1000i	V	1000i	V	1000i	V	1000i	V	1000i	V	1000i
14.04	3.9	1.84	169	1.11	44.6	0.79	18.9	0.45	4.77	0.294	1.69	0.207	0.723
14.40	4.0	1.88	177	1.13	46.8	0.81	19.8	0.46	5.01	0.30	1.76	0.21	0.754
14.76	4.1	1.93	186	1.16	49.2	0.83	20.7	0.47	5.22	0.31	1.84	0.217	0.785
15.12	4.2	1.98	196	1.19	51.2	0.85	21.7	0.48	5.46	0.32	1.92	0.22	0.824
15.48	4.3	2.02	205	1.22	53.5	0.87	22.6	0.50	5.71	0.324	2.01	0.23	0.857
15.84	4.4	2.07	215	1.25	56.0	0.89	23.6	0.51	5.94	0.33	2.09	0.233	0.890
16.20	4.5	2.12	224	1.28	58.6	0.91	24.6	0.52	6.20	0.34	2.18	0.24	0.924
16.56	4.6	2.17	235	1.30	61.2	0.93	25.7	0.53	6.44	0.35	2.27	0.244	0.966
16.92	4.7	2.21	245	1.33	63.9	0.95	26.7	0.54	6.71	0.354	2.35	0.25	1.00
17.28	4.8	2.26	255	1.36	66.7	0.97	27.8	0.55	6.95	0.36	2.45	0.254	1.04
17.64	4.9	2.31	266	1.39	69.5	0.99	28.9	0.57	7.24	0.37	2.53	0.26	1.08
18.00	5.0	2.35	277	1.42	72.3	1.01	30.0	0.58	7.49	0.38	2.63	0.265	1.12
18.36	5.1	2.40	288	1.45	75.2	1.03	31.0	0.59	7.77	0.384	2.72	0.27	1.15
18.72	5.2	2.45	300	1.47	78.2	1.05	32.2	0.60	8.04	0.39	2.82	0.276	1.20
19.08	5.3	2.50	311	1.50	81.3	1.07	33.4	0.61	8.34	0.40	2.91	0.28	1.24
19.44	5.4	2.54	323	1.53	84.4	1.09	34.6	0.62	8.64	0.41	3.02	0.286	1.28
19.80	5.5	2.59	335	1.56	87.5	1.11	35.8	0.63	8.92	0.414	3.11	0.29	1.32
20.16	5.6	2.64	348	1.59	90.7	1.13	37.0	0.65	9.23	0.42	3.22	0.297	1.37
20.52	5.7	2.68	360	1.62	94.0	1.15	38.3	0.66	9.52	0.43	3.32	0.30	1.41
20.88	5.8	2.73	373	1.64	97.3	1.17	39.5	0.67	9.84	0.44	3.43	0.31	1.45
21.24	5.9	2.78	386	1.67	101	1.19	40.9	0.68	10.1	0.444	3.53	0.313	1.50
21.60	6.0	2.82	399	1.70	104	1.21	42.1	0.69	10.5	0.45	3.65	0.32	1.54
21.96	6.1	2.87	412	1.73	108	1.23	43.5	0.70	10.8	0.46	3.76	0.323	1.59
22.32	6.2	2.92	426	1.76	111	1.25	44.9	0.72	11.1	0.47	3.87	0.33	1.64
22.68	6.3	2.97	440	1.79	115	1.27	46.4	0.73	11.4	0.475	3.99	0.334	1.69
23.04	6.4	3.01	454	1.81	118	1.29	47.9	0.74	11.8	0.48	4.09	0.34	1.73
23.40	6.5			1.84	122	1.31	49.4	0.75	12.1	0.49	4.22	0.344	1.78
23.76	6.6			1.87	126	1.33	50.9	0.76	12.4	0.50	4.33	0.35	1.83
24.12	6.7			1.90	130	1.35	52.4	0.77	12.8	0.505	4.45	0.355	1.88
24.48	6.8			1.93	134	1.37	54.0	0.78	13.2	0.51	4.57	0.36	1.93
24.84	6.9			1.96	138	1.39	55.6	0.80	13.5	0.52	4.70	0.366	1.98
25.20	7.0			1.99	142	1.41	57.3	0.81	13.9	0.53	4.81	0.37	2.03
25.56	7.1			2.01	146	1.43	58.9	0.82	14.3	0.535	4.95	0.376	2.08
25.92	7.2			2.04	150	1.45	60.6	0.83	14.6	0.54	5.06	0.38	2.14
26.28	7.3			2.07	154	1.47	62.3	0.84	15.0	0.55	5.20	0.39	2.19
26.64	7.4			2.10	158	1.49	64.0	0.85	15.4	0.56	5.32	0.392	2.24
27.00	7.5			2.13	163	1.51	65.7	0.87	15.8	0.565	5.46	0.40	2.30
27.36	7.6			2.15	167	1.53	67.5	0.88	16.2	0.57	5.60	0.403	2.36
27.72	7.7			2.18	172	1.55	69.3	0.89	16.6	0.58	5.73	0.41	2.41
28.08	7.8			2.21	176	1.57	71.1	0.90	17.0	0.59	5.87	0.413	2.46

续表

Q		70		80		DN (mm) 100		125		150	
(m³/h)	(L/s)	V	1000i	V	1000i	V	1000i	V	1000i	V	1000i
28.44	7.9	2.24	181	1.59	72.9	0.91	17.4	0.595	6.00	0.42	2.53
28.80	8.0	2.27	185	1.61	74.8	0.92	17.8	0.60	6.15	0.424	2.58
29.16	8.1	2.30	190	1.63	76.7	0.93	18.2	0.61	6.28	0.43	2.64
29.52	8.2	2.33	195	1.65	78.6	0.95	18.6	0.62	6.43	0.435	2.71
29.88	8.3	2.35	199	1.67	80.5	0.96	19.1	0.625	6.56	0.44	2.76
30.24	8.4	2.38	204	1.69	82.4	0.97	19.5	0.63	6.72	0.445	2.82
30.60	8.5	2.41	209	1.71	84.4	0.98	19.9	0.64	6.85	0.45	2.88
30.96	8.6	2.44	214	1.73	86.4	0.99	20.3	0.65	7.01	0.456	2.95
31.32	8.7	2.47	219	1.75	88.4	1.01	20.8	0.655	7.15	0.46	3.00
31.68	8.8	2.50	224	1.77	90.5	1.02	21.2	0.66	7.31	0.466	3.06
32.04	8.9	2.52	229	1.79	92.6	1.03	21.7	0.67	7.45	0.47	3.14
32.40	9.0	2.55	234	1.81	94.6	1.04	22.1	0.68	7.62	0.477	3.20
32.76	9.1	2.58	240	1.83	96.8	1.05	22.6	0.69	7.78	0.48	3.26
33.12	9.2	2.61	245	1.85	98.9	1.06	23.0	0.693	7.93	0.49	3.33
33.48	9.3	2.64	250	1.87	101	1.07	23.5	0.70	8.10	0.493	3.39
33.84	9.4	2.67	266	1.89	103	1.09	24.0	0.71	8.25	0.50	3.45
34.20	9.5	2.69	261	1.91	105	1.10	24.5	0.72	8.42	0.503	3.52
34.56	9.6	2.72	267	1.93	108	1.11	25.0	0.723	8.57	0.51	3.59
34.52	9.7	2.75	272	1.95	110	1.12	25.4	0.73	8.74	0.514	3.66
35.28	9.8	2.78	278	1.97	112	1.13	26.0	0.74	8.90	0.52	3.72
35.64	9.9	2.81	284	1.99	115	1.14	26.4	0.75	9.08	0.525	3.80
36.00	10.0	2.84	289	2.01	117	1.15	26.9	0.753	9.23	0.53	3.87
36.90	10.25	2.91	304	2.06	123	1.18	28.2	0.77	9.67	0.54	3.94
37.80	10.5	2.98	319	2.11	129	1.21	29.5	0.79	10.1	0.56	4.22
38.70	10.75	3.05	334	2.16	135	1.24	30.9	0.81	10.6	0.57	4.41
39.6	11.0			2.21	141	1.27	32.4	0.83	11.0	0.58	4.60
40.5	11.25			2.27	148	1.30	33.8	0.85	11.5	0.60	4.79
41.4	11.5			2.32	155	1.33	35.4	0.87	11.9	0.61	4.98
42.3	11.75			2.37	161	1.36	36.9	0.88	12.4	0.62	5.19
43.2	12.0			2.42	168	1.39	38.5	0.90	12.9	0.64	5.39
44.1	12.25			2.47	175	1.41	40.1	0.92	13.4	0.65	5.59
45.0	12.5			2.52	183	1.44	41.8	0.94	14.0	0.66	5.80
45.9	12.75			2.57	190	1.47	43.5	0.96	14.5	0.68	6.03
46.8	13.0			2.62	197	1.50	45.2	0.98	15.0	0.69	6.24
47.7	13.25			2.67	205	1.53	46.9	1.00	15.5	0.70	6.46
48.6	13.5			2.72	213	1.56	48.7	1.02	16.1	0.71	6.68
49.5	13.75			2.77	221	1.59	50.6	1.04	16.7	0.73	6.92
50.4	14.0			2.82	229	1.62	52.4	1.05	17.2	0.74	7.15
51.3	14.25			2.87	237	1.65	54.3	1.07	17.8	0.75	7.38
52.2	14.5			2.92	246	1.67	56.2	1.09	18.4	0.77	7.61